GEOMETRÍA SAGRADA SANADORA

MARTA POVO AUDENIS
2023

MARTA POVO

ÍNDICE

MARTA POVO

01 · UN NUEVO PARADIGMA

COMENTARIO SOBRE ESTA EDICIÓN: la nueva obra que presento en 2023, GEOMETRÍA SAGRADA SANADORA, es la versión ampliada, revisada y actualizada de un antiguo libro mío *'Principios Inteligentes de la Geometría Sagrada'*, cuyo editor hace casi 20 años no supo hacer una buena difusión, aunque fue uno de mis libros más reconocidos y valorados, sobre todo por la innovadora información sobre los valores de la Geometría. Aunque el enfoque es el mismo que en aquella antigua edición, en la actual versión hay muchos datos mejorados, correcciones y ampliaciones que son hoy en día necesarias y enriquecedoras. Deseo que el lector disfrute con esta nueva obra, disponible ya en digital y en papel.

A modo de introducciób, diré que realizar un estudio o exploración sobre una cosa tan evidente y cotidiana como son *las formas que nos rodean*, un análisis sobre la forma peculiar y única que toma cada objeto o ente vivo, como la forma de un árbol, de una persona, de una piedra... es algo que puede parecer intrascendente, totalmente innecesario, incluso una pérdida de tiempo, una verdadera inutilidad. Las formas parece que 'son' por sí mismas, se dan; y casi nunca nos preguntamos porqué son como son.

Con nuestros ojos humanos vemos que la Vida, con sus múltiples y variadas formas, la expresión de la vida en toda su diversidad es siempre flexible, muy flexible. El fenómeno de la vida es libre, es singular, pero muy plural a la vez. Incluso en las múltiples y variadas formas que toma la vida natural, nos puede parecer anárquica y caprichosa debido a la extrema pluralidad de especies que hay en cada reino. Sin embargo, según los últimos descubrimientos científicos, constatamos que la vida, tanto en sus orígenes como en el tipo de leyes que la rigen, pertenece mucho más al campo de la física que al de la química orgánica.

El propósito de este pequeño ensayo divulgativo es precisamente comenzar a mostrar un nuevo paradigma en el que 'la forma' creada, no es casual ni inocente. Cada forma existente, la de una planta, cualquier piedra o cristal, una gota de agua, un cuerpo humano, incluso la forma de una galaxia obedece a unas leyes naturales y matemáticas, a unas proporciones armónicas que se expresan geométricamente, es más, que crecen y se expanden según ciertas leyes armónicas y unos patrones matemáticos y geométricos.

Simplemente me propongo mostrar la geometría en sí misma como un fenómeno inteligente que contiene unos principios activos saludables, si se saben emplear. Y también que esos principios activos siempre inciden sobre cualquier ser vivo, puesto que constantemente estamos rodeados de formas. Por tanto, el lenguaje de los patrones de la geometría, que no es más que una derivación del lenguaje matemático, ese código implícito y natural que conlleva cada polígono en sí mismo, puede ser también un agente terapéutico digno de investigar. La sagrada geometría puede ser algo muy interesante y efectico para aplicarse a nuestros complejos procesos de desarrollo y bienestar.

La matemática, más allá de la idea que nos quedó grabada en la escuela, es la ciencia de las estructuras y de las pautas. La geometría es la materialización de esas leyes estructurales y constantes de todo el crecimiento biológico. Pretendo mostrar aquí que los patrones geométricos básicos, los polígonos conocidos y todos los poliedros derivados de ellos, son elementos útiles para la vida, es decir, dignos de ser empleados para nuestra evolución y expansión.

En esta obra exploro y posibilito al lector *comenzar a conocer* un poco más a fondo las características de todos esos valores 'bio-geo-matemáticos' y, sobre todo, ese principio básico de la vida: la geometría, considerada ahora topográficamente, vista como la ciencia de los planos de la Realidad y de la estructura interna de eso que llamamos Vida. Quiero transmitir que los principios activos que contienen cada polígono geométrico pueden ser utilizados a conciencia; extraer de ellos el máximo provecho sanador para la humanidad, de la misma manera como hasta hoy lo hemos hecho sin cesar con la fuerza medicinal primaria y biológica de las plantas, de los animales y los minerales.

La invitación es empezar a contemplar, valorar y emplear coherente y prácticamente, incluso en distintos campos de acción (medicina,

6

psicología, arte, pedagogía…) todos esos potenciales energéticos y ese nuevo paradigma que presento. Nuevo quizá sí, pero es una visión tan antigua como la vida misma puesto que la geometría procede de la fuerza de la Naturaleza y de las leyes de la física. Es una proposición para que comencemos a aprovechar esa poderosa energía de la Geometría, muy especialmente para nuestro bienestar físico y psicológico, algo que tanto deseamos y perseguimos los seres humanos.

Exploremos pues esos elementos menos tangibles y más sutiles, esa geometría subyacente a todo lo existente. Observar que las formas creadas son muy frecuentes en nuestro entorno, ver que la fuerza inherente de los polígonos, vistos ahora como las 'matrices' de crecimiento. Exploremos las proporciones naturales, descubramos los patrones repetitivos y las pautas matemáticas de la naturaleza (incluida la vida humana), las formas, patrones y códigos del lenguaje de la armonía. Revisemos los modelos energéticos, las matrices y sus campos de fuerza mórfica. Veamos concretamente los arquetipos geométricos con otra mirada, pues según mi exploración de 3 décadas, me atrevo a afirmar que las pautas geométricas contienen la 'información' más pura del proceso creador del universal.

Para que esta exposición sobre ese desconocido y poco frecuente paradigma, sea al mismo tiempo didáctica y divulgativa, he utilizado en primer lugar mi simple capacidad de observación y de experimentación, algo inherente a todo ser humano siempre con el límite personal de cada uno, pero tal vez activada y procedente mayormente del intenso trabajo terapéutico con mi propio método de la Geocromoterapia durante más de treinta años, pero es una observación también desarrollada anteriormente a través del arte y la fotografía durante otros veinte años.

En segundo lugar, he empleado el simple método de la comparación y del análisis sobre algunas de las cosas que hasta ahora se han dicho o divulgado respecto al fenómeno de la geometría, incluso sobre lo que hoy se llama geometría sagrada para asociarla a la energía, la visión cuántica y la metafísica. No obstante, quiero que sea contemplada desde muy diferentes puntos de vista culturales y sociológicos vistos desde todos los ángulos posibles a mi alcance, una labor de exploración y un inacabable trabajo antropológico que he ido realizando hasta ahora respecto a la geometría y la salud.

La intención de esta primera revisión de valores potenciales es simplemente la de facilitar la comprensión, y para las diferentes mentalidades, de esos eternos pero desconocidos valores, las energías, los campos de fuerza, el cromatismo, y muy en especial la geometría, siempre dentro de los límites que posee todo parámetro cultural. He intentado conscientemente que los puntos de vista revisados y el planteamiento de cada uno de esos temas sean realmente distintos, además de enriquecedores e interesantes desde el punto de vista antropológico e informativo. Esa mirada plural y holística tiene como fin no interponer limitaciones cognitivas que nos invaliden la profunda comprensión de las capacidades e infinitas posibilidades humanas de actuación en este campo, especialmente de cara al futuro.

Quiero expresar también que, en esta revisión realizada, deliberadamente no he evitado, ni tampoco he refrenado el hecho de abordar unas disciplinas aparentemente contrapuestas, como son la ciencia (tal como hoy la entiende la mayoría) y la mística (a menudo mal llamada también esoterismo) incluso la metafísica y también el arte, materias que torpemente tenemos asociadas a la religión, contemplando esos grandes campos simultáneamente, pues he podido constatar durante 7 décadas que todos ellos *son terrenos inseparables*.

Opino que todo prejuicio o convencionalismo, así como toda resistencia, es un verdadero impedimento al conocimiento y a la verdadera investigación. Al fin y al cabo, en la actualidad tratar un asunto solamente desde el punto de vista científico no es desde luego ninguna garantía en pro del conocimiento de la Realidad, ni una certeza para encontrar la 'verdad única' que siempre hemos buscado los seres humanos, aunque sea una pretensión casi ingenua. Naturalmente, la ciencia tampoco posee el privilegio de ese encuentro de la verdad. Por otro lado, las verdades ocultas o metafísicas ya han dejado de ser 'esotéricas' (visión hacia dentro, contrariamente a la visión 'exotérica') desde el momento que han visto la luz pública recientemente, una característica de la era actual.

Precisamente creo que es ahora el momento de estudiar y analizar las supuestas verdades herméticas, de sacar la paja y los grandes prejuicios esotéricos, de limpiar el campo de lo que *creemos mágico* y sanear todo lo que hasta ahora se consideraba misticismo o hermetismo, para poder ver así qué tipo de verdades o realidades son realmente útiles para nuestro desarrollo, los conceptos experimentables. Sobre todo, se trata de ver cuáles son sus puntos de vista en común con la otra visión, la científica. Dentro de la antropología social o cultural, este libro procede desde luego de un intenso trabajo de campo (aunque también teórico) en el que no se evita ningún enfoque, esté o no esté personalmente de acuerdo con él.

He de aclarar desde el principio que, tanto personal como profesionalmente, he dedicado las tres últimas de mi vida al desarrollo de un método de trabajo terapéutico basado precisamente en la combinatoria de la luz, del color y de la geometría, llamado hoy Geocromoterapia, o en su aplicación práctica, la Sanación Geocrom. Al final del libro doy la información de mi página informativa para los lectores más interesados en esos principios básicos, en la formación profesional y en los libros publicados sobre este método o paradigma. El extenso trabajo de observación y experimentación médica con el método Geocrom, me capacita para hablar de esos temas desde luego, pero debo recordar al lector que el enfoque de este libro es más teórico que práctico.

Hoy y aquí tan solo quiero abordar esos principios mencionados, en especial el tema de la geometría, de los polígonos vistos como fuentes o principios inteligentes y aprovechables para el progreso humano. Se trata de replantear y explorar ese principio llamado por algunos Geometría Sagrada, pero de una forma completamente conceptual y filosófica, incluso cuántica. Quien quiera obtener una amplia información sobre la dinámica práctica de la Geocromoterapia o de la utilización coherente y empírica de los 77 arquetipos y los potenciales vibratorios de la geometría y el color, sobre ciertos puntos de acupuntura, sería más conveniente realizar los cursos que doy regularmente, presenciales y virtuales. O bien leer algunas de mis anteriores publicaciones, como por ejemplo: 'GEOMETRÍA Y LUZ, una medicina para el alma', o bien 'EL HEMISFERIO OLVIDADO', obras que están más centradas en el método sanador y su origen.

Personalmente también diré que, si en 1994 llegué a materializar este nuevo método de trabajo terapéutico basado precisamente en la utilización coherente de los polígonos y la luz, es evidente que no fue solamente por mi anterior formación médica en la Medicina China Tradicional y en Acupuntura, o en medicina cuántica y otras terapias bioenergéticas. En realidad, tampoco fue solamente por la experiencia terapéutica obtenida en mi consulta. Con anterioridad, en mi juventud, además de mis trabajos antropológicos sobre los artesanos en extinción, y sobre los balnearios terapéuticos, entre otros, estuve también trabajando intensamente durante más de quince años en el mundo del arte y en la fotografía profesional de arquitectura y de paisaje. Ese intenso trabajo artístico y fotográfico me dio mucha información teórica y práctica respecto a las luces y a las sombras, a los diferentes tonos y colores, a la naturaleza de las formas, su composición, su armonía y proporción, además de educar profundamente mi intuición y mis capacidades perceptivas y cognitivas respecto a todo ello. Pero por encima de todo, aquel trabajo artístico realizado consiguió que yo educara mi capacidad de 'observación', una facultad completamente imprescindible para todo buen fotógrafo o antropólogo y, como no, para todo buen investigador o terapeuta.

Así pues, materializar, crear o impulsar este sistema terapéutico y evolutivo, fue el fruto natural y la consecuencia de mi intenso trabajo con el arte, la fotografía y posteriormente con la Medicina China y las diversas terapias psicológicas y anímicas en las que he trabajado y sigo aún trabajando. Durante la plasmación de la presente obra, como le sucede a cualquier autor, ha ido emergiendo de forma natural todo el sustrato de mi formación, así como la integración de todos los conocimientos adquiridos hasta ahora que, dicho sea de paso, siempre son insuficientes, ya que la Geometría sanadora es un campo de estudio muy muy amplio, sobre todo teniendo en cuenta su gran valor como medio de desprogramación y de re-programación con esos 77 códigos Geocrom

El resultado de todo lo recibido con esa experiencia gradual, de la voluntaria investigación, y también de la gran inspiración que he recibido del propio Universo, es decir, debido a lo recogido e integrado, a todo lo que he pensado o sentido a través de las distintas disciplinas y las inacabables reflexiones, también deseo mostrar o dar una pincelada sobre el método sanador de la Geocromoterapia como hipótesis de trabajo y como una realidad que se perfila con un futuro amplio y luminoso. Esta información se encuentra en los últimos capítulos de este libro que tienes en las manos.

Deseo ofrecerlo a cualquier persona interesada en todo lo que aún está sin explorar de la naturaleza, como son los patrones geométricos de crecimiento. Pero sobre todo deseo ofrecerlo amorosamente a los profesionales de la medicina, en especial a los que están especializados en las distintas prácticas alternativas, a los interesados en la medicina cuántica, vibracional o energética, y muy en especial a los que se dedican a la medicina integrativa, así como a todas las personas que consideren que su estado de salud es un compendio del equilibrio existente entre su cuerpo, su psique, su alma y su entorno.

02 · LA GEOMETRÍA COMO FUERZA ACTIVA

Los seres humanos estamos eternamente rodeados de formas y de símbolos: los números, el abecedario, la publicidad, el arte que reposa en nuestras paredes, los ángulos arquitectónicos de nuestro hábitat, las curvas que desprenden las flores, los árboles, las orbitas de nuestros átomos... Todo, absolutamente todo, es 'forma', tiene una forma determinada, una figura, una proporción.

Y en todas las formas existentes, en cualquier cosa creada, reposa la luz visible, por tanto, todo lo existente desprende también una vibración cromática. El ser humano vive dentro de la luz. Los colores que se derivan de ella nos afectan y nos nutren. Todo a nuestro alrededor son ondas, fuerzas, radiaciones. Todos y cada uno de nosotros somos entes sujetos a la polaridad de la luz y a sus frecuencias. De la misma manera, también estamos influidos siempre por las formas y por los campos de fuerza que desprende cada arista, cada ángulo, cada curva y cada estructura.

La comprensión absoluta de cómo y cuánto nos pueden llegar a equilibrar o a desequilibrar las diferentes formas que nos rodean, o incluso cómo nos afecta también el color de esa forma creada, desde luego no es una tarea fácil para nadie. Sin embargo, siempre es lícito e interesante que intentemos aproximarnos a esa comprensión. La real incidencia de ese factor olvidado sobre nuestro ser, la supuesta acción de la geometría sobre los seres es aún desconocida. Pero se perfila como un asunto de gran magnitud dadas todas las experiencias realizadas hasta ahora; por consiguiente, entrar en ese estudio requiere algún esfuerzo, ciertamente, pero sobre todo requiere por nuestra parte una buena dosis de flexibilidad mental, de apertura a diferentes campos y de mucha capacidad de asociación de ideas. Pero sobre todo requiere humildad y ecuanimidad, puesto que nos encontramos justo al principio de un nuevo paradigma y eso significa que estamos como dijéramos en el 'parvulario'.

Para abordar dicho tema, para explorar esos grandes valores naturales e inteligentes, pero al mismo tiempo tan y tan sutiles, parece necesario que uno (sea lector, escritor o pensador) posea cierto carácter especial, o una mente un tanto abstracta, quizá teórica, filosófica. Tal vez uno piense que es necesario tener una gran capacidad de conceptualización, cualidad tal vez poco común en nuestra habitual forma de pensamiento lineal, racional y lógico. En cambio, dicha capacidad para comprender esos conceptos aparentemente tan abstractos, como es la geometría inteligente, es una capacidad natural y totalmente inherente a los seres humanos y tan solo nos puede parecer fuera de nuestro alcance por una cuestión meramente emocional, cultural, de hábitos adquiridos, o de pereza.

Todos y cada uno de nosotros, tengamos una tipología más emocional o más racional, seamos más o menos místicos, más o menos científicos, estemos quizá más cerca del reino animal o más cerca del reino angélico, todos los hombres y las mujeres en nuestro fuero interno necesitamos conocer el sentido de nuestra existencia, de la realidad, el sentido de la vida misma y siempre, de una forma o de otra, el ser humano desea llegar a conocer los misterios de su propia composición energética y la del propio mundo que lo rodea. De ahí nacen tanto la Ciencia como la Filosofía y la Metafísica.

Los efectos que ejercen las distintas clases de energía y las diferentes formas que nos rodean (sean patrones angulares o circulares, simétricos o asimétricos, formas armónicas o caóticas), es decir, la matemática y la geometría de la vida, son efectos aparentemente invisibles, sin embargo, son experimentables. El hecho de que, hasta ahora, dentro de los cánones de la ciencia y de la medicina oficializada, esas fuerzas no visibles, todos esos elementos *generadores de energía*, no se hayan valorado aún, o no se hayan estudiado o cuantificado como debería hacerse, no significa que no sea necesario.

Tampoco se ha profundizado todavía sobre el valor intrínseco y psicológico de las leyes matemáticas, ni de la geometría pura, ni de los campos estructurales, ni tampoco del poder terapéutico que pueden tener los arquetipos gráficos, ni el arte, así como tampoco hemos profundizado en los principios activos que realmente contienen los colores o las fuentes de luz. Ni tampoco hay suficientes estudios sobre la fuerza *programadora* que posee nuestra mente, ni tampoco sobre el valor terapéutico de los sonidos y de otros elementos vibratorios. Pero esa falta de atención todo sobre todo lo dicho, no significa que dichos elementos no sean útiles para nuestra evolución, o que no sean utilizables inteligentemente para nuestra curación y equilibrio. Simplemente significa que 'hasta ahora' no se han observado o estudiado esos potenciales vibratorios; tan solo significa que la geometría, por ejemplo, objeto de estudio en esta pequeña obra, no se ha tenido en cuenta aún como un 'factor importante', ni simplemente como elemento equilibrador, terapéutico, activo, o como una energía aprovechable.

Dicho de otro modo, durante el largo proceso que ha recorrido hasta ahora la humanidad (en especial en el terreno de la medicina), no ha existido la costumbre de transitar, ni teórica ni experimentalmente, por ese camino de todo lo que es invisible o psico anímico. No hemos entrado a fondo en el estudio de eso más sutil llamado 'energía' (más allá de la tecnología) ni hemos observado profundamente los valores activos de los campos mórficos, ni sabemos nada de los valores de las matemáticas inteligentes, la 'biomatemática', ni sobre las radiaciones y las innumerables clases de ondas que inciden en nuestro campo energético, ni sobre el fenómeno de la sintonía o resonancia entre ellas.

Los hombres y las mujeres de la Tierra, durante muchos siglos hemos preferido investigar tranquilamente (sobre todo, utilizar o explotar obsesivamente…) los productos derivados de nuestra tierra visible, las plantas, los minerales, los animales y tal vez la luz del sol (aunque la sociedad médico-comercial de occidente nos niegue hoy el privilegio de esa gran energía vivificante). Centuria tras centuria, hemos aprovechado todo eso que 'vemos y tocamos', observándolo, estudiándolo y sobre todo explotándolo para nuestro desarrollo, curación, beneficio y evolución.

De todas maneras, todo tiene una razón de ser. Posiblemente el ser humano ha observado tan solo lo que le resultaba visible, cuantificable y evidente… porque realmente *tampoco estaba preparado* para integrar otros conceptos y otras vibraciones mucho más sutiles, todas esas fuerzas existentes menos densas que la pura materia visible, como es el valor de la Geometría. Tal vez hasta este siglo veintiuno, el hombre no estaba realmente 'dispuesto' para asimilarlo, ni mental ni socialmente, ni tampoco podía asimilarlo fisiológicamente.

En adelante, y durante toda la primera parte del libro, nos

centraremos en el paradigma energético en general, puesto que, para comenzar a hablar de la fuerza natural de la geometría y las proporciones, antes deberíamos haber asumido realmente que 'todo es energía'. Y eso es fácil decirlo, y últimamente se oye mucho esa frase, pero mi experiencia dice que no todo el mundo lo tiene asimilado ni integrado. Existe la tendencia pueril de pensar que lo material, lo visible o mecánico, es de *otra índole* que todo lo que es 'energético', psicológico o anímico.

Mientras pensemos eso, es inútil divagar sobre la hipótesis de que puedan existir unas radiaciones extremadamente sutiles pero poderosas, o unos campos estructurales procedentes de la física, o de las líneas geométricas, ya sean tensiones rectilíneas o curvadas, de los planos mórficos, los ángulos, las proporciones armónicas y matemáticas, fuerzas constructivas y programadoras que también inciden y perturban nuestro cuerpo y nuestra mente.

Como dice Ian Stewart, '*el control matemático del organismo en crecimiento es el otro secreto de la vida, pues la vida es una colaboración entre genes y matemáticas*'. El repaso de esos primeros capítulos sobre el paradigma energético en el cual estamos inmersos, nos conducirá suave y pedagógicamente hacia la visión de la geometría inteligente (se le llame sagrada, profana, espiritual, científica, simplemente natural, o como cada uno prefiera llamarle con su peculiar barniz cultural), pero al fin y al cabo, se trata de pura geometría, en la que nos ocuparemos ya más avanzado el libro, una obra en la que se integran a conciencia los conocimientos de la tradición, de la ciencia y del arte simultáneamente.

03 · UNA LEY CONSTANTE DEL EQUILIBRIO

Cuando comenzamos a explorar y a estudiar los principales valores de un sinfín de fenómenos que ocurren en nuestra vida, enseguida podemos ver que existe un hilo en común y que, en el fondo, todo se reduce a una cuestión de *polaridades*. En la observación de la vida siempre veremos que detrás de todo fenómeno se encuentra el factor del 'equilibrio entre las fuerzas'. Cuando algo, bien sea en nuestro interior o en nuestro entorno, se desequilibra, las cosas no marchan bien en nuestra vida cotidiana, pierden la fuerza de la Armonía.

Todo lo que el hombre ha tratado de hacer desde que empezó a razonar es precisamente compensar, ordenar, armonizar, proporcionar orden y poner en equilibrio las diversas fuerzas que se generan a su alrededor, que dicho sea de paso son muchas y de distinta índole. Eso lo hace automáticamente para su propio beneficio y bienestar, puesto que estas fuerzas duales tienden por naturaleza a cambiar, atrayéndose e impulsándose la una a la otra constantemente, como los valores yin y los valores yang, un sabio y antiguo código binario que sintetiza escuetamente las dos grandes fuerzas de la dualidad de nuestra existencia.

Ilustración de 'ángeles y demonios' de la Dualidad, dibujo de Escher

Todo ser humano quiere mantener compensado y equilibrado su estado de salud, su economía, sus necesidades de aprendizaje, de relación, de realización, de expansión... ese es el eterno quehacer y aspiración de cualquier ser humano. Cuando el cielo no entrega sus aguas a la tierra, el hombre debe regar artificialmente su terreno vital para mantener en equilibrio sus propias cosechas, o sea, su supervivencia. Del mismo modo, cuando un ser humano recién nacido no sabe aún masticar, plantar, comprar, cocinar... debe haber un adulto cerca de aquel niño para que supla y equilibre esta ausencia de hábitos de supervivencia que aún no posee el pequeño, con el fin de asegurar la vida de esa nueva criatura. Cuando nuestro cuerpo o nuestra mente enferman, cuando se desequilibran nuestras células, nuestra fuerza vital, nuestras emociones... nunca nos quedamos impasibles. O nosotros, o alguien a nuestro alrededor, busca de inmediato la mejor solución y por diferentes caminos sanitarios para recuperar el estado de salud, de felicidad, de equilibrio.

En cualquier caso, siempre se pone en marcha y de forma automática un mecanismo equilibrador. Esa armonía, ese poder equilibrador parece ser inherente a la madre naturaleza en cualquiera de sus reinos. El reino humano también tiene en el interior de su conciencia una especie de sentido automático de equilibrio permanentemente activo. Él sabe cuándo está bien su cuerpo y su alma o cuándo no lo está, aunque no le pueda poner un nombre a su anomalía. Él sabe cuándo un color, una forma, un objeto, o un espacio le complace, le equilibra y cuándo no. El individuo, en su interior, sabe perfectamente cuándo todos y cada uno de los agentes actuantes en su campo exterior le están armonizando y cuándo lo desarmonizan, aunque no sepa *cómo* eso ocurre.

Todo ser humano posee una sabiduría que va mucho más allá del pensamiento racional. Ninguna célula de nuestro cuerpo nos pide permiso ni requiere ninguna reflexión para cumplir sus funciones vitales. Una neurona jamás cumple las funciones de la célula del hígado, sabe muy bien cuál es su programa, su misión; y la célula hepática también sabe muy bien cuál es la suya. Se trata de una sabiduría automática. En realidad, tan solo es una cuestión de 'saber oír', es decir, de escuchar, esa sabia voz interior y natural que siempre nos guía hacia lo mejor. Dicho de otro modo, se trata de que subamos el volumen de nuestra intuición y de que queramos 'educar', en definitiva, nuestras inmensas posibilidades de percepción, más allá de la lógica y de la evidencia, o sea, de educar y entrenar ese 90 % de mente del que nos hablaba Einstein.

Por ejemplo, ese instinto sanador casi perdido, lo podemos recuperar. Precisamente sobre la escucha y educación de esas percepciones extrasensoriales tratan mis obras 'EL HEMISFERIO OLVIDADO' y también 'DIÁLOGOS CON EL CIELO'. El comprender en profundidad ese manantial de fuerza y de sabiduría inherente a todo ser vivo, ese comprender el poder vital que duerme dentro de cada molécula, cada sistema y cada pensamiento, ha sido siempre el gran reto del hombre. Supongo que comprender el mecanismo de funcionamiento de algo que no ha sido diseñado por nosotros... requiere un esfuerzo sobrehumano para algunos. Deberíamos vibrar a una frecuencia muchísimo más alta para percibir y asumir dicho mecanismo de sabiduría natural y automática.

En el fondo, eso es lo que hacemos cada ser humano a diario: subir o sutilizar nuestra frecuencia, aprender a sutilizarnos; a ese fenómeno natural lo hemos denominado 'proceso espiritual'. A lo largo de los siglos, mientras el ser humano aún no vibraba en esa sutil frecuencia, se dedicó con todas sus fuerzas y posibilidades a explorar y dar al mundo distintas hipótesis de la existencia, para poder explicarse a sí mismo el misterioso sentido de la vida y del funcionamiento del universo.

De todas las percepciones recibidas y de las diferentes hipótesis generadas a lo largo de la Historia, han surgido las diferentes disciplinas que existen y que ahora estudiamos de forma organizada. Una de tantas disciplinas que explican la vida y el mantenimiento de esa vida es la Medicina, así como todos los enfoques terapéuticos que existen actualmente. Sin embargo, el hecho de nacer en China, en África, en América o en Europa, aporta unos conocimientos médicos muy distintos, no solo respecto al diagnóstico sino en cómo *mantener* nuestra vida en perfecto estado de salud.

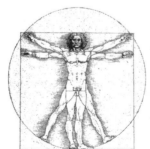

Hombre de Vitruvio, de Leonardo Da Vinci

No obstante, si tratáramos de ver al ser humano como tal, sin raza ni cultura, o sea, simplemente como un ser vivo perteneciente a uno de los reinos que conviven en este planeta, como un ser vivo unido o ensamblado también a toda la Creación, quien sabe si podríamos descubrir algo más trascendente respecto a su salud y a su forma de equilibrarla. Me refiero a que, más allá de intentar curar a través de una disciplina u otra, quizá antes deberíamos de una vez por todas vincular al hombre con el cosmos.

Precisamente por pertenecer al reino más perfeccionado de la Tierra y teniendo en cuenta la gran capacidad de manipulación material y mental que poseemos, quizá no sea tan descabellado suponer que nuestra mente tiene más de cósmica que de telúrica, es decir, que la mente humana es más etérica que orgánica o terrena. Podríamos decir que el funcionamiento de la mente y de las emociones, la naturaleza profunda de esas dos fuerzas tiene una connotación mucho más anímica que material, pero no por ello es más irreal o menos importante.

Si el hombre en su compleja composición posee ciertos mecanismos internos que no están muy relacionados con la materia, al menos que no están impulsados propiamente por ella, o bien que esos mecanismos funcionan en base a otros parámetros pertenecientes a otras dimensiones, entonces resultaría que todas las controversias existentes respecto a cómo equilibrar sus mecanismos físicos, cómo curarse, cómo ser feliz… no serían validas, o lo serían tan solo en parte. De todos modos, no acabarían de satisfacer sus necesidades de salud y de desarrollo. Y eso es lo que ocurre en la realidad; los diferentes estilos de medicina no acaban de satisfacer al hombre. A todos los métodos existentes les falta algo…

La evidencia y la experiencia nos demuestra claramente que no hay ninguna medicina que lo cure todo, no existe la panacea; no hay ni tan solo una de esas prácticas médicas, alternativas u ortodoxas, que sea la mejor, por muchos medios económicos que se hayan destinado a su desarrollo, o por muchos siglos que aquella especialidad lleve practicándose. Hasta donde no llega la alopatía o la psicología, llega la homeopatía o la cromoterapia. A donde no llega la naturopatía o la fitoterapia, llega la acupuntura o la osteopatía. Hasta donde no alcanza el masaje o el shiatsu, llega la medicina espagírica o la medicina vibracional.

Así podríamos nombrar un sinfín de métodos medicinales, más antiguos y clásicos, o más innovadores y vanguardistas; pero todas ellas son visiones médicas legitimas que, más allá de las diferencias, son siempre parciales o complementarias. O deberían serlo, aunque aún hoy la sociedad no contemple esas especialidades como *competentes*, en términos de legalidad. Y nunca deberíamos perder de vista que se trata de una legalidad que sin excepción ha sido establecida por los intereses y el idealismo de un determinado colectivo, pero no por los intereses 'reales' del paciente que necesita una atención completa, no parcial ni sectaria.

Para incluir al propio Cosmos dentro de nuestros parámetros de salud, en primer lugar, deberíamos asumir que los hombres sí podemos trabajar con lo invisible (porque es constatable) y con ese amplio campo que hoy llamamos las energías sutiles. Es decir, ya no deberíamos partir solamente de los conceptos de la materia, la ciencia y lo cuantificable, unos parámetros que han sido desarrollados solamente durante los tres últimos siglos y que son más bien de corte mecanicista y reduccionista. Si observáramos y trabajáramos de una forma más holística e integrativa con todas las distintas energías existentes (que no vemos pero que percibimos sus claros efectos) no tendríamos que esperar mucho a ver grandes resultados y una gran transformación social.

Aun no podemos ver esos grandes resultados en salud con nuestra amada tecnología; sigue muriendo cada día más personas de cáncer, de hipertensión, de inanición, de efectos secundarios a los medicamentos... Sin embargo, todos nosotros hemos experimentado algún día cierta reacción bioquímica que se produjo en nosotros con una simple meditación, una oración, o un cambio de enfoque en nuestra vida. Quizá el dolor físico o la ansiedad, por ejemplo, hayan disminuido notablemente con una sanación espiritual o una meditación; tal vez la tristeza que sentíamos antes de meditar u orar, de acercarnos de algún modo al universo inteligente, se ha transformado ahora en una cierta paz interior, en serenidad, en plenitud, en un estado de bienestar. ¿Cómo, cuándo, dónde y porqué se produjo la transmutación de aquel dolor o de aquellas sensaciones incómodas?

Si decidimos que podemos investigar, respetar y trabajar con esas energías o campos de fuerza invisible, aunque experimentable, debemos empezar a aprender muchas cosas sobre el Universo y sus leyes. Quizá ya ha llegado el momento de trascender la observación de la conocida Naturaleza, de dejar a un lado momentáneamente los laboratorios y los aceleradores de partículas y empezar a subir la cabeza hacia el cielo. Mirar hacia arriba, más lejos. O bien, mirar hacia dentro y ya no tanto hacia fuera, porque siempre tendemos a vivir hacia el exterior. Empezar a observar los peculiares mecanismos de nuestra mente en relación con las emociones y ver la energía que circula dentro y fuera, y también observar la inmensa armonía y potencial que contiene el entorno.

Creo que ha llegado ya el momento de contemplar como simples espectadores nuestros sofisticados procesos psico-emocionales y todas las consecuencias patológicas que de ellos se derivan. Se trata de ver abiertamente cómo es tu comportamiento ético, todos tus anhelos y la calidad de tus propósitos, ver cómo alteran de forma contundente tu propio entorno, para bien y para mal. Propongo además comenzar a observar el silencio, la nada, la fuerza del amor y de la belleza, el poder equilibrador de la fraternidad, la bondad, la verdad, la alegría, por poner tan solo algunos ejemplos de esos principios energéticos universales. Es momento de contemplar esas fuerzas expansivas y actuantes, de investigarlas, respetarlas y emplearlas coherentemente como *principios activos*, que además son inteligentes en sí mismos y creadores de realidades.

No se trata tanto de olvidar la materia, la biología, o de abandonar el estudio de la naturaleza, sino de darse cuenta realmente de que existen 'otros factores' que nos influyen más allá de la alimentación y del movimiento, más allá de las plantas y los animales, de la química, del sol, más allá de lo perceptible con los cinco sentidos y el raciocinio. Esas energías circundantes son factores tan sutiles, tan sutiles, que hasta ahora habían sido ignorados por los hombres, metidos como estábamos en la observación y la clasificación de la materia. Preguntémonos cosas básicas y tratemos de darles respuesta.

¿Cómo influye, por ejemplo, el pensamiento de otras personas sobre nuestra salud?, ¿cómo incide la luz y las formas de nuestro propio hábitat en nuestro equilibrio psicofísico? ¿Qué es exactamente la luz? ¿cómo actúa realmente el color verde sobre nuestras células, nuestros átomos y en nuestro ADN? Y sobre todo... ¿qué hay de los campos vibratorios que generan las líneas, las aristas, los ángulos o las curvas? ¿pueden, la geometría, la biomatemática y los campos mórficos, ser un 'principio activo' utilizable para nuestra salud y evolución? ¿el comenzar a curar o equilibrar con patrones geométricos y proporciones matemáticas es realmente *la medicina del futuro*? ¿tienen las mismas propiedades médicas los polígonos planos que los poliedros en volumen? Si conocemos la Geocromoterapia a nivel experimental, nos preguntaremos ... ¿porqué un triángulo amarillo tiene un efecto distinto sobre nosotros que un triángulo rojo? ¿porqué hemos constatado mil veces en la investigación que un decágono verde actúa de manera tan distinta que un heptágono verde, siendo del mismo color, pero con distinto patrón geométrico?

Así mismo continuemos preguntándonos ¿por qué un determinado cuadro nos provoca una alteración o un rechazo o, por el contrario, porqué nos armoniza el simple hecho de contemplarlo? ¿cómo se creó la primera 'forma' del universo? ¿porqué se reproducen continuamente ciertos patrones y porqué invariablemente las hormigas siempre son pequeñas y los elefantes grandes? ¿cómo nos afecta al cuerpo por ejemplo el ruido, la música, los sonidos en general? ¿cómo es que en primavera y en verano, cuando recibimos quince horas de luz al día, estamos mucho menos enfermos que en invierno, en el que solo nos alimentamos de unas pocas horas de luz por la mañana? ¿está realmente vacío o inerte el Universo? ¿hay algo más en él que materia medible, cuantificable? ¿existen en la inmensidad del Cosmos ciertas fuerzas, a menudo llamadas espirituales, que nos influencian a cada uno de nosotros? ¿existen campos de fuerza estructural, y si los hay, están jerarquizados o distribuidos según su densidad vibratoria? ¿hay realmente una jerarquía de seres invisibles, de fuerzas o de radiaciones, y los seres humanos también pertenecemos a esa escala vibratoria existencial? ¿existe un vínculo entre nuestro estado de salud física y nuestro proceso de evolución espiritual? Y también hagámonos esta pregunta y contestémosla individualmente ¿por qué, al ser humano común, le produce tanto miedo asociar los conceptos espirituales a los conceptos científicos?

De hecho, hay miles de preguntas que, si pudiéramos contestarlas, nos aclararían profundamente el verdadero concepto de salud, de espíritu, de alma, de energía, de Vida. Al fin y al cabo, tan solo estamos hablando de eso, de la Vida, en todas sus expresiones, no en 'algunas' de sus expresiones. Al menos, responder algunas de estas cuestiones nos ayudaría a entender la íntima relación que tenemos con ese vasto y extraordinario universo cósmico en el que, de forma inequívoca e incuestionable, estamos inmersos.

Mi intención es poner sobre la mesa 'algunas' cuestiones, preguntas a veces sencillas, o por lo menos muy frecuentes, y otras veces más complejas, pero no por ello menos legítimas. Ponerlas boca arriba en parte para ver cómo han sido contestadas por diferentes personas a lo largo de los siglos. A través de diferentes percepciones de la realidad y de su estado de equilibrio, quizá podremos 'atar algunos cabos sueltos' y tal vez comprender mejor este extraño motor que mueve al Cosmos entero y a nosotros mismos, física, psíquica y anímicamente. A través de los diferentes estudios e interpretaciones de las realidades que revisaremos a continuación, ahora bajo el hilo conductor de la Geometría, quizá podamos empezar a unificar cierto criterio sobre la Realidad, un criterio que no sea ni oriental ni occidental, ni científico ni espiritual, ni esotérico ni ortodoxo, ni cósmico ni terreno, sino todo lo contrario...

04 · LA ENERGIA FORMATIVA Y VITAL

Si nuestra realidad va mucho más allá de lo visible y mensurable, intentemos abordar esa fuerza que actúa pero que aún no podemos ver. Empecemos por revisar la muy renombrada palabra 'Energía' que, más allá de las definiciones de los físicos, es un concepto que actualmente se maneja a diario en diferentes ámbitos laborales, privados y en terapias alternativas. A lo largo del libro, ese será un término que surgirá a menudo y debería estar claro no solo en sus aspectos conocidos sino en otros aspectos adyacentes, ya que esa fuerza desconocida, una fuente energética vital, será un gran elemento conductor en toda la obra.

A ese aliento vital que no podemos ver con nuestro sistema óptico pero que consigue que la vida exista, se la ha bautizado con diferentes nombres en diferentes partes del mundo y a lo largo de distintas épocas, en especial en el terreno de la salud, pero no únicamente. En Occidente, especialmente entre los naturistas, la llamamos comúnmente la 'energía vital'; muy a menudo fue llamada también 'éter' por la física pre-einsteniana y también 'orgón' por Wilhelm Reich.

En la India lo llaman aún hoy 'Prana'. Es de China de donde procede el término 'Chi' (traducción sonora, muy frecuente en los libros de divulgación, pero que en adelante escribiré en su forma correcta, es decir: 'Qi'). Esa misma fuerza en Japón lo llaman 'Ki'. El maestro Pitágoras lo llamó 'Pneuma', pero también 'Número'. A ese aliento de vida, Von Reichenbach lo denominó 'Od', y el Dr. Hahnemann empleaba simplemente el término 'fuerza vital'. Todas esas palabras definen un mismo concepto: el aliento o fuerza que nos mantiene vivos, aunque realmente, casi nada sabemos de este motor vital...

La llamemos como la llamemos, lo que nos interesa realmente es conocer la verdadera naturaleza o funcionamiento de esa energía, motor o aliento vital. Se trata del insondable Qi que circula por los meridianos, por ejemplo, y que vivifica minuto a minuto nuestro cuerpo en mayor proporción que los propios alimentos, y que ningún órgano funciona sin el Qi de su meridiano correspondiente. Queremos saber porqué esa energía viva está siempre en permanente funcionamiento y qué es todo lo que mueve ese impulso, de qué manera lo mueve y para qué, con qué 'finalidad'. De momento dejemos de lado las grandes preguntas metafísicas de 'quién es el que mueve esa energía', de dónde procede 'el motor' que engendra a todo ser vivo y orgánico. Este tipo de pregunta teológica no pretendo que sea bien contestada aquí, pues la divinidad o la Fuente de donde parte esta fuerza vital, pertenece a otro estudio, indudablemente ensamblado al estudio de la geometría que subyace a la Vida.

Vayamos de lo simple a lo complejo. Sabemos, por el momento, que esa energía circula por todas partes, arriba y abajo, dentro y fuera de cualquier punto, objeto o ente. Todo contiene esa fuerza. También existe un Cosmos que no es material y mensurable sino etérico, o sea, algo inmenso y fuerte pero no táctil, es escurridizo como el tiempo. Existe un universo denso y uno que no es denso, pero los dos poseen la misma energía inteligente. El Cosmos al que pertenecemos contiene en sí mismo una 'sustancia formativa' a la que hoy podríamos llamar, según la cultura del lector, de mil maneras distintas... fuente, campo vital, esencia, éter, prana, maná, espíritu, chi, ki, campo electromagnético, energía pura, aliento de vida, el tejido holográmico, tachyon, energía libre, inconsciente colectivo, campo mórfico, geométrico, estructural... y seguro que encontraríamos aún más palabras para nombrar esa fuerza formativa. Sin embargo, el fenómeno en sí mismo, la naturaleza de esa sustancia 'formativa', no cambiará según el nombre que le demos.

Lo único que sabemos de esa intangible sustancia o campo formativo, es que es *creadora de vida*, que es 'mantenedora' de vida y que, además, *interconecta* a todos los seres, a todas las atmósferas, a todos los elementos. Esta fuerza energética conecta entre sí todos los espacios intercelulares, todas las cargas eléctricas, todos los pensamientos individuales o grupales. Y lo que es más interesante aún es que, esa red inteligente de energía nos transmite cierta *información*, la cual nos mantiene con vida. Esa es una gran clave de la presente obra. El concepto de transmisión de información puede ser ampliado con la lectura de algunos de mis libros, como ENERGÍA Y ARTE, o también en POR EL ESPÍRITU DEL SOL, así como en EL HEMISFERIO OLVIDADO, o incluso en GEOMETRÍA Y LUZ, una medicina para el alma.

A este campo vital de comunicación, a ese tejido energético sutil y complejo, yo lo he llamado varias veces el Tejido Conectivo Espacial, aunque sé que es un término también perecedero, pero muy ilustrativo. Del mismo modo que el colágeno es la principal proteína de soporte del tejido conectivo animal y humano (la piel, por ejemplo), pues de la misma manera la energía cósmica, ese campo de vida lleno de información y de posibilidades cognitivas, también lo conecta todo entre sí, se comunica con todos y cada uno de los seres del Universo, nos interrelaciona mutuamente y *nos informa*.

De ahí viene aquella antigua máxima que dice que, la estructura y el funcionamiento del macrocosmos, se reproduce con gran exactitud en el microcosmos: 'como es arriba, es abajo'. Pero esta ley universal de Hermes no creo que ocurra discriminada o selectivamente, es decir, no solo ocurre en el mundo de la materia. Del mismo modo, toda acción, comportamiento, emoción o pensamiento del más minúsculo ser, afecta a toda la Creación.

Esa es la única razón por la que es tan importante asumir la responsabilidad y una necesaria ética entre los seres humanos. Siempre me refiero a una ética universal y laica, no teñida de moralismos culturales o religiosos. De hecho, el clásico principio de Biofeedback o de retroalimentación, está basado en este mismo paradigma, un principio de vida que dice que *'el estado futuro de un ente depende, no solo de su propio presente, sino también del estado de los entes que le rodean'.*

También el concepto holográmico conlleva la misma premisa existencial. El principio en el que se basa un holograma también nos demuestra *que 'cualquier parte contiene la información del Todo'.* Podemos hacer el experimento: si rompemos en mil pedazos una simple fotografía holográfica, una fotografía sobre un cristal donde vemos la imagen en tres dimensiones, una flor, por ejemplo, podremos ver que cada uno de los pedazos rotos del cristal contiene la imagen 'entera' de la flor, y no solo una parte de ella. La información del Todo está en cada una de sus partes. Eso naturalmente también ocurre en el Ser Humano, por eso podríamos clonar a cualquier ser vivo a partir de un minúsculo trozo de uña. En definitiva: cualquier parte de esa red de energía contiene la información completa del universo.

05 · LA MAGNITUD DE LA ENERGÍA HUMANA

Tal vez la más cruda y contundente definición de 'energía vital humana' la dio ya a finales del siglo diecinueve el Dr. Hahnemann, creador de la Homeopatía, al decir que *la energía vital es la fuerza dinámica que distingue a un cadáver de un ser humano*. El padre de la medicina homeopática no se conformó con esa simple, rotunda y concisa definición, sino que especificó alguna de sus peculiares cualidades: *La energía vital gobierna con poder ilimitado y conserva todas las partes del organismo en admirable y armoniosa operación vital, tanto en las sensaciones como en las funciones*.

Realmente solo podemos conocer esa fuerza o energía por su magnitud y sus cualidades, de la misma manera que conocemos las cualidades singulares del magnetismo, de la gravedad y de la electricidad, entre otras muchas fuerzas energéticas. No obstante, como bien dice George Vithoulkas: *la electricidad es un movimiento de electrones, pero no sabemos nada sobre la fuerza que hace posible ese movimiento*. Conocemos la naturaleza de los electrones empíricamente, de la misma forma que se ha experimentado el Qi por pura práctica durante más de cuatro mil años. Conocemos los efectos del Qi, esa circulación de energía que discurre por los distintos canales de acupuntura, aunque realmente poco ha sido escrito o publicado sobre *la naturaleza* peculiar de ese Qi, y la magnitud de esa gran fuerza que circula a través de los catorce meridianos acupunturales del cuerpo.

Por tanto, vamos a centrarnos en lo que sí conocemos experimentalmente sobre esa fuerza, en lo que todos nosotros observamos de ella y en lo que vivimos de una forma cotidiana y empírica. Entrando en materia y estableciendo una relación de las cualidades de la Energía Vital en un ser humano, cualquiera de nosotros, tenga o no tenga conocimientos sobre acupuntura, podría decir claramente que:

1/ Esa fuerza de la vida está dotada de una **inteligencia formadora**; o sea, la energía vital genera formas complejas: los seres vivos, los órganos, cada célula. Por lo tanto, el Qi actúa inteligentemente y esa energía es creadora y creativa.

2/ Incluso podría decirse que, con esa inteligencia, la energía vital establece cierta **economía** en el organismo. Cuando una persona está realmente sana, desde luego no tiene ningún exceso de Qi, ni ninguna obstrucción, ni una aceleración, ni una disminución de energía significativa, ni una ausencia de ella. A esa austeridad y precisión del riego energético le llamamos *salud*. Cuando esa economía energética se desequilibra, la persona enferma.

3/ La energía Vital es siempre **constructiva** por naturaleza, no destructiva; mantiene al organismo vivo en constante construcción y reconstrucción, día y noche, tanto en la salud como en la enfermedad. Cuando no lo hace, es decir, cuando la energía abandona el cuerpo, esa fuerza vital no es que se vuelva destructiva, sino que desaparece, porque su misión es solo construir y mantener.

4/ Esa extraordinaria energía también domina y controla el cuerpo que ocupa. Es **autosuficiente** y no necesita a un conductor que la dirija. Y ese continuo dominio lo hace automáticamente. La energía vital es libre y no pide permiso para actuar. Es decir, la energía vital dirige al ser vivo, desde el primero hasta el último día.

5/ Ese alieno de vida es **autoconsciente**, sabe cuándo tiene que penetrar en un cuerpo y cuándo exactamente tiene que desaparecer. Su sabiduría y autoconciencia hace que domine y dirija toda la complejidad del cuerpo físico, de la mente y de las emociones. Y esa sabiduría y ese autocontrol simultáneo de todos los procesos de vida y de muerte, lo realiza sin pausa ni reposo.

6/ No obstante, la energía vital es **influenciable**. La fuerza que nos mantiene vivos está 'sometida a cambios' de diversa índole, bien sean internos, procedentes del propio ser vivo (procesos psicoemocionales, hormonales, etc.) o bien sean cambios e influencias procedentes del entorno (atmósfera, otros campos mórficos y radiaciones). Cualquiera de esas influencias, altera el orden natural y el ritmo del Qi. Es decir: la energía vital puede fluir ordenadamente o bien de forma desordenada, con interferencias o sin ellas, produciendo malestar o bienestar, impulsando a la paz o al caos.

7/ La energía propia de cada ser vivo es **adaptativa**, tiene una gran capacidad de adaptación a su entorno, algo que un organismo muerto no puede hacer. Al adaptarse al frío, al calor, a la humedad, al ruido, al dolor, a la toxicidad, a la escasez, a la soledad, etc., hace que el ser vivo se mantenga en un cierto equilibrio. De lo contrario, sin capacidad de adaptación, moriríamos justo al nacer.

Podríamos incluso sofisticar más la observación y encontrar aun más cualidades inherentes a esa magnífica energía que nos da la vida día a día. Sin embargo, solamente con esas siete cualidades descritas, los seres humanos que la disfrutamos ya deberían bastarnos para respetar nuestra energía vital, es decir, para honrar la Vida y cuidarla con amorosidad.

Uno de los fragmentos más bellos que jamás leí sobre el Qi fue escrito en el año 1983 por Luis Racionero en su libro 'Textos de estética taoísta': *Quien desee captar el Chi de todas las cosas, debe penetrar bajo los aspectos superficiales, captar y ser poseído a la vez por el ritmo vital del espíritu... Contemplemos una rosa; mirémosla atentamente parando todos los ruidos de la mente; poco a poco el espacio entre la rosa y la persona desaparecerá; con él se irá el Yo, la dualidad sujeto-objeto, y solo quedará el fenómeno de la percepción hombre-rosa, percibiéndose a sí mismo. Entonces, dicen los taoístas, el Chi está pasando.*

06 · POTENCIALIDAD DEL PENSAMIENTO HUMANO

Sigamos investigando los valores de esa fuerza invisible que llamamos tan ambiguamente energía, pero ya no desde la salud ni tampoco desde una visión mística. Hablemos también de la mente... Se ha constatado ya que nuestros pensamientos tienen mucho poder. Nuestra mente es un campo de fuerza de los más activos y efectivos que existen. Multitud de autores hoy están de acuerdo en que... el poder de nuestro pensamiento puede llegar a *materializar realidades*. De hecho, nuestra mente lo hace cada día, pues 'conseguimos' cosas si nos 'proponemos' conseguirlas; esa es la clave para crear realidades: el propósito y la intención que mueven esos pensamientos. De ahí precisamente procede, entre otros medios, la ciencia mántrica, uno de los métodos de enfoque y dirección del pensamiento utilizados por todos los maestros y sabios de la Historia.

Durante siglos hemos visto infinidad de hechos que son un producto directo de ciertas 'ideas' mentales y anhelos, bien sean ideas políticas o religiosas, publicitarias, modas, costumbres, magias, proyectos, ideas, etc. Un pensamiento bien claro y dirigido, puede llegar a tener un enorme poder de ejecución y de materialización. De eso saben mucho los especialistas en PNL y otras técnicas de autocontrol del pensamiento y de la palabra, así como los expertos en ciencia mántrica y los buenos especialistas en marketing y publicidad. Conocemos bien los resultados 'tangibles' que se produjeron a través del nazismo, del capitalismo, del comunismo, del cristianismo, islamismo, hinduismo o budismo, entre otros muchos movimientos ideológicos.

Tampoco es preciso tener una visión tan amplia si eso nos produce vértigo... simplemente observemos el poder fáctico que tiene un simple anuncio televisado. Incluso algo más cotidiano aún: el efecto de la opinión de nuestro amigo o vecino sobre algo referente a ti mismo. Si el amigo en cuestión está emitiendo pensamientos positivos sobre ti, te sentirás de inmediato tranquilo y armónico. Por el contrario, si emite una crítica o cierto juicio negativo sobre tu persona, te encontrarás incómodo, como si se intercalara una 'interferencia' en tu campo o en tu estado psicoemocional, una intromisión o alteración en tu campo vibratorio electromagnético o aura; es así cómo ocurre.

Desde hace ya medio siglo son centenares las mujeres y hombres los que nos están diciendo y recalcando en ediciones y de seminarios que... el pensamiento posee un gran poder ejecutivo, o que el 'pensamiento positivo' consigue cambiar nuestras vidas, nos ayuda a trascender nuestros sufrimientos y crear nuevas realidades. Con mayor o menor difusión, han sido ya muchos los que han profundizado sobre ese tema; todos estos autores, nos guste más o menos su lenguaje o su estilo, a mi entender están realizando una labor muy simple pero muy importante para el planeta: concienciar a todo el mundo de que el pensamiento es hacedor, que es fáctico, que tiene un enorme potencial.

El mensaje en definitiva es que la mente humana tiene un poder ilimitado y que *tú mismo creas tu vida* con tu pensamiento. Esos autores actuales y muchos sabios de la antigüedad, no solo nos recuerdan que somos creadores de realidades, que somos como pequeños dioses que diseñamos nuestra vida según nuestra calidad de pensamientos. En el fondo nos dicen algo que a mí me parece más importante aún desde el punto de vista terapéutico: que debemos aprender a 'educar' y a dirigir nuestro pensamiento; de eso realmente... sabemos aún poco.

En el fondo esos libros de autoayuda y esos talleres están hablando de algo que nos resulta invisible, de algo que no es ni cuantificable ni medible... Hablan de la 'energía de las ideas'. Se trata del poder de unas emisiones energéticas y de una peculiar fuerza inteligente: las ideas, la intención, el enfoque dirigido, los propósitos, ya sean de una índole o de otra, de radiaciones peculiares, de emisiones de pensamientos y ondas cerebrales que irradian desde nuestro interior hacia nuestro exterior.

Esas ondas del pensamiento humano 'consiguen' cosas, hacen, realizan, crean, materializan. Esas radiaciones mentales pueden cambiar, por ejemplo, un estado de ánimo; bien dirigida, esa fuerza puede curar una pequeña úlcera, un dolor o incluso un cáncer, como tantas veces se ha visto. Puede conseguir un cambio de trabajo, una fortuna, un cambio de actitud. Son fuerzas invisibles y mentales capaces de deprimir o de alegrar, de destruir o de construir. Tus propios pensamientos (y todas las emociones que se derivan de ellos) son los que te activan o los que te dejan apático, te sanan o te enferman. Es decir, la fuerza de las ideas cambia la realidad presente y por tanto logran modificar la materia. Podría decirse que la mente es, de por sí, alquímica; con un gran poder de cambio, de transmutación y de recreación continua.

El pensamiento es una fuerza invisible, como la electricidad y muchos otros tipos de energía existentes, pero los resultados de esas energías invisibles son bien evidentes y tangibles. Las ondas cerebrales alfa, beta, delta y theta, ya están estudiadas y bastante explicadas mecánicamente. Pero todavía no se conoce la fuerza real a través de la cual esas ondas llegan a crear un pensamiento negativo o positivo, es decir, no se sabe la diferencia de polaridad que emite el pensamiento, o la *calidad de su radiación*. ¿qué poder nos impulsa a emitir un pensamiento positivo o negativo? Tampoco se explica cómo los pensamientos modifican las emociones, ni cómo inciden concretamente en nuestra realidad orgánica y material, transformándola en salud y en enfermedad, en alegría o en sufrimiento. Sin embargo, sí se ha descubierto recientemente que tenemos tres cerebros pensantes, cada uno con neuronas y campos electromagnéticos de alto poder de irradiación: el cerebro del Intestino, el del Corazón y el propiamente el Cerebro del cráneo.

Después de explorar mejor el mundo energético, también revisaremos otras fuerzas distintas que nos influyen enormemente, incluso algunas de ellas más cuantificables que la energía del pensamiento. Exploraremos la posibilidad de existencia de otras fuerzas activas y frecuencias más sutiles, más abstractas, como son las fuerzas de las formas creadas y de la geometría, las ondas geometrodinámicas, los patrones mórficos y los campos vibratorios derivados de patrones angulares o circulares, unas energías que quizá sean relativas a otros parámetros, pero que son fuerzas todas con las que también conectamos a diario, puesto que todo a nuestro alrededor posee una forma determinada. La geometría, como veremos, no está vacía ni exenta de fuerza, ni tampoco es inocente, sino que la geometría emite una fuerza dinámica, creadora, ordenadora y estructurante.

El poder inteligente, equilibrador o sanador que puedan poseer las formas geométricas, así como la energía de la luz, el color y otros campos de fuerza olvidados o ignorados, se pueden explicar de momento a partir de enfoques tal vez más filosóficos, desde la visión de la física avanzada y la metafísica moderna. Desde estos parámetros se explica mucho mejor que desde las visiones racionales, mecanicistas o reduccionistas. Aunque el mismo Pitágoras, incluso Platón y otros sabios de la Antigüedad, ya hablaban de la Geometría Sagrada desde el punto de vista sanador y reprogramador, creo que hoy en día ya estamos capacitados e incluso podemos enriquecernos más, si asociamos varios conceptos a la vez, aunque sean de distinta índole, como son el arte y la estética, además de la gran capacidad de la mente y el pensamiento que tanto modifica y crea la realidad que vivimos.

07 · GEOMETRÍA SAGRADA, NATURAL E INTELIGENTE

Con un poco de humor, a la geometría 'sagrada' a mí también me gusta llamarle 'profana' puesto precisamente lo que digo es que se trata de incorporar toda la geometría en el día a día. Eso ha sido constatado con la efectividad sanadora y equilibrante de la visualización y meditación con los YANTRAS ARMÓNICOS y mis nuevos dibujos de geometría aplicada a la evolución. Ver más información en mi página www.institutogeocrom.net.

Todas las formas existentes, naturales o creadas, tanto si lo exploramos científica o matemáticamente como si lo vemos desde el punto de vista artístico, arquetípico o místico, todas las formas creadas y existentes, influyen sobre el ser humano. Es evidente que cuando se emplea el término 'sagrado' junto al término 'geometría', el hombre se refiere a las connotaciones metafísicas, espirituales y profundas que poseen las distintas formas geométricas existentes, a los valores de los polígonos, los patrones básicos, a las leyes de proporción, simetría y crecimiento, a la aritmética cualitativa y no cuantitativa, a las matrices de la Creación, a todo eso tan sagrado procedente de esa reciente cosmovisión de la vida.

Pero también se le da el carácter de sagrado por las contundentes aplicaciones alquímicas (y hasta ahora herméticas) que la propia geometría ha tenido siempre en manos de constructores, magos, alquimistas, chamanes, sabios, masones, religiosos. Incluso en manos de ciertos artistas inspirados o contactados con la más profunda energía de belleza inherente al ser humano y al universo. No obstante, cada árbol, cada flor, cada piedra, cada casa, cada choza, cada letra, cada mueble, cada cuadro y cada objeto, tiene una peculiar estructura formal que desprende en sí misma una energía determinada, y no otra. Por lo tanto, cada una de esas 'cosas' que nos rodean, necesariamente debe interferir en nuestro campo energético vital, acoplándose a él, o repeliéndolo. Las formas creadas y existentes no son inocentes. Actúan. Irradian. Generan efectos.

Daremos un paseo por la información procedente de la tradición y la antropología social, y de una forma amena y natural vamos a intentar comprender el valor que las formas creadas tienen sobre la materia, explorando ese mundo formal o mórfico en su versión arquetípica: los patrones geométricos, los polígonos primigenios, las figuras elementales. Esa es una clave importante del efectivo funcionamiento de los Arquetipos Geocrom, según tres décadas de experiencia empírica. Vamos a empezar a revisar el desconocido paradigma de la geometría como una fuerza inteligente y activa, ahora desde el punto de vista de la tradición, desde la visión de la ciencia, y luego exploraremos un poco el campo de las artes plásticas.

Todo en la vida todo tiene una forma determinada, peculiar, originaria, genuina; y toda forma creada o natural posee un cierto color perceptible, aunque sea transparente. Además, cualquier cosa o ente, para ser percibida, debe estar en cierta manera iluminada. Ninguno de esos tres factores, ni la luz ni el color ni la forma, se dan el uno sin el otro, sino que existen simultáneamente. Ese es el principal motivo de mi trabajo de investigación terapéutica y artística.

El estudio de los arquetipos y de las formas armónicas naturales o creadas por el hombre, puede realizarse desde muy diferentes ángulos y visiones. Sin embargo, la observación de los polígonos de la geometría simple, más allá de los teoremas y de su aspecto técnico, es decir, la revisión de los conceptos gráficos en abstracto, me parece primordial y adecuado para empezar esa exploración geométrica, por lo que abordaremos esos patrones formales desde el inicio, desde la creación del punto y la línea, los dos principales agentes creadores que engendrarán los diferentes polígonos.

Las figuras geométricas tienen y han tenido siempre un significado simbólico muy denso en todas las áreas culturales de la humanidad. Siempre se ha creído que las formas y los números, en su relación íntima, encierran principios eternos. También se ha dicho que la voluntad humana no podría modificar jamás estos principios eternos. Ya Homero dijo en una ocasión que la Armonía es la *clavija material* con la que las cosas se unen, se adecuan y se acoplan.

Pitágoras argumentaba hace más de dos milenos que cada polígono era un *ente* con una personalidad peculiar y unas propiedades específicas. Hoy, el bioquímico Sheldrake, aunque no ha entrado aún en estudios geométricos, nos habla de *campos mórficos* y patrones de comportamiento que se repiten a grandes distancias, pautas y matrices que mantienen a las especies vivas bajo las leyes de proporción y del equilibrio. De la misma manera que el doctor mejicano Manuel Arrieta investiga y expone las ondas geométrico-dinámicas de los patrones energéticos de crecimiento como las matrices necesarias (como si fuera el plano arquitectónico y topográfico) para la formación de las primeras mórulas, células, tejidos y estructuras de un ser vivo, un proceso de crecimiento geométrico vital que persiste hasta el último día de nuestra vida.

La geometría constituye así mismo el instrumento visual con el que podemos descubrir la información necesaria para conocer el mundo, por lo tanto, el instrumento con el que podemos conocernos a nosotros mismos. Se dice que todas las respuestas están contenidas en las formas de los polígonos geométricos y matemáticos. Un conocido axioma ocultista afirma que *Dios hace Geometría* y de hecho la naturaleza nos lo ratifica, como veremos en un capítulo posterior, aunque por el momento podemos contemplar una antigua ilustración de esta metáfora:

Veamos de momento la simbología que han dado distintas tradiciones a las principales figuras geométricas. Las cuatro formas primordiales en las que se basan todos los números y el resto de las formas creadas o polígonos son:

· el **Punto**, origen de la línea y del número cero, cuya geometría paralela es el Círculo.

· la **Línea**, cuyas interacciones crean planos geométricos.

· el **Plano**, procedente de líneas cruzadas que crean ángulos y por tanto los polígonos.

· el **Triángulo** y el **Cuadrado**, como los dos polígonos o *patrones básicos* que luego se repiten y se expanden en las diversas formas de la creación, natural y humana.

Desarrollemos primero el punto, la línea y el plano. Posteriormente seguiremos explorando patrón a patrón, figura a figura, añadiendo cada vez más aristas y más ángulos a las formas elementales, viendo de qué manera, simbólica y arquetípicamente, se han ido conceptuado las propiedades peculiares que posee cada polígono.

08 · ARQUETIPOS Y MATRICES GEOMÉTRICAS

El Punto, así como el Círculo, no tiene principio ni fin; es continuo e infinito. En la antigüedad se decía: Dios es como una inteligencia esférica, cuyo centro está en todas partes y cuya circunferencia no está en ninguna. El punto, del cual parte todo, es quizá el concepto más profundo y abstracto que existe para la mente humana. Desarrollaremos el poder del círculo al final de este capítulo y volveremos también al estudio del punto, la línea y el plano cuando revisemos las teorías desarrolladas por Kandinsky.

La Línea es la primera proyección del punto. La línea recta vertical representa simbólicamente el espíritu descendiendo hacia la materia, la proyección del cielo a la tierra, la propia energía que mana de la divinidad. La línea vertical tiene cualidades masculinas; es yang, activa, comunicativa, enérgica, directa y dominadora. Es el símbolo de todo lo celestial y del espíritu. La línea recta horizontal tiene la polaridad opuesta. Representa la energía del alma, la cualidad femenina, yin, receptiva, no actuante, contemplativa y absorbente. Es el símbolo de la fuerza de la materia y de todo nuestro mundo material manifiesto, ya sea natural o artificial.

El Triángulo es la primera forma cerrada. Con tan solo dos fuerzas no es posible obtener ningún polígono. La forma triangular simboliza la trinidad, Dios-Padre-Espíritu (con el vértice hacia arriba) o bien Padre-Madre-Hijo (con el vértice hacia abajo). El triángulo con la punta en lo alto corresponde al mundo de la esencia espiritual y tradicionalmente simboliza el fuego; el triángulo con el vértice invertido hacia abajo es el mundo de la materia y simboliza el agua.

En este arquetipo podemos ver que el mundo material es una simple *reflexión* de la Verdad Universal, de lo que se considera divinidad; es su espejo. *Lo que es arriba es abajo*; esa conocida frase nos muestra que el hombre y su mundo material siempre es una simple reflexión de la Verdad Eterna. Es como si viviéramos en un mundo de ilusión o irrealidad;

la verdadera realidad es el mundo espiritual. Dicho en terminología hinduista, lo que vemos es tan sólo 'maya', ilusión. Los dos triángulos superpuestos o entrelazados crean la Estrella de David, llamada también el Sello de Salomón o el Diamante del Filósofo. El exagrama resultante de la superposición de dos triángulos invertidos es una estrella, desde luego, pero una estrella que siempre contiene un exágono perfecto en su interior y seis triángulos superpuestos a cada lado del exágono.

El triángulo no es solamente la primera superficie y el primer patrón armónico sino que, toda figura arquetípica, cualquier figura geométrica, sea cual sea (excepto el círculo), si se traza unas líneas desde su centro (su punto de máximo poder) hasta cada uno de los ángulos, aquella figura queda dividida en varios triángulos; el pentágono por ejemplo contiene cinco triángulos; el heptágono tiene siete, etc. Dicho de otro modo, todos los polígonos de la geometría sagrada y profana contienen en su interior la fuerza del triángulo.

El triángulo equilátero simboliza la Divinidad, la armonía y la proporción; en especial si está construido en base a una constante matemática llamada Phi ó Proporción Áurea, algo comentaremos más adelante. Puesto que toda generación de vida se produce por el efecto de una división, el hombre se representa simbólicamente por un triángulo rectángulo, es decir, la división de un triángulo equilátero en dos partes, en la que cada una posee un ángulo de 90°. Esto bien podría enlazar con la condición básica de polaridad propia de los triángulos.

El hombre busca siempre el equilibrio, la armonía, la proporción, busca la divinidad o 'su' divinidad; requiere del equilibrio yin-yang, necesita el equilibrio de su propia materia con su propio espíritu. El ser humano persigue desde siempre la fusión de los opuestos, el encuentro de su complemento, con el fin de volver a su Unidad, a lo completo, a la Divinidad, un arquetipo simbolizado por el triángulo equilátero perfecto. Ese encuentro con lo opuesto, como veremos, encierra en sí mismo el principio de la 'simetría fundamental', lo que tiene muchas implicaciones para la salud y para el equilibrio psicológico.

Trazado del Sri Yantra empleado en Geocromoterapia,

para integrar los dos hemisferios

Entre los antiguos mayas, la forma del triángulo estaba ligada al Sol y al maíz; en su cultura era doblemente un símbolo de fecundidad. Para los romanos, los griegos o incluso en la India, el triángulo con el vértice hacia arriba era el símbolo del fuego y de la masculinidad y con la punta hacia abajo representaba el agua, el pubis y la feminidad. Alquímicamente, además de representar el fuego, el triángulo es también el corazón; recordemos de paso que los tres elementos de la alquimia son también terrestres: sal, azufre y mercurio, constituyendo esta tríada sagrada la base de todo proceso de transformación o transmutación de la materia.

Para los pitagóricos, el triángulo, así como letra griega Delta, era el símbolo del nacimiento cósmico, de la misma manera que en el hinduismo es el signo femenino de Durga, la dispensadora de vida. En la época pre-cristiana se consideraba al triángulo equilátero de 60° como el símbolo de lo divino, al triángulo isósceles como lo demoníaco y al triángulo escaleno como el símbolo de lo humano.

El triángulo masónico lleva inscrita en su base la palabra 'duración' y, sobre los lados, pueden leerse las palabras 'tinieblas' y 'luz', lo que compone el clásico ternario cósmico. Según la tradición fracmasónica la figura triangular se denomina Delta Luminosa, haciendo referencia a la mayúscula griega; dicho triángulo masónico tiene la línea de la base más larga que la de los lados; sus ángulos tienen 36° en los dos extremos de la base y 108° en la cúspide. Dicho triángulo isósceles armónico, es precisamente el que corresponde al 'número de oro', una constante matemática de la naturaleza. Tampoco deberíamos olvidar la gran importancia que esta figura tiene para la historia religiosa, en especial la católica; y no solamente por la extensa iconografía cristiana desarrollada a lo largo de siglos sino también por sus innumerables tríadas:

Padre / Hijo / Espíritu Santo

nacimiento / madurez / muerte

sabiduría / fuerza / belleza

pasado / presente / futuro...

El Cuadrado simboliza la Tierra y los cuatro elementos a través de los cuales el propio planeta vive: el fuego, la tierra, el agua y el aire. Está asociado también a los cuatro puntos cardinales. Los cuatro lados de este polígono y cada ángulo de 90° representan las cuatro partes de una persona: el cuerpo físico, su organismo material, visible y terrenal, pero unido ahora a la anterior tríada mente-alma-espíritu; por eso el cuadrado es el siguiente paso del triángulo; es precisamente con el cuerpo con el cual nuestra alma actúa en el mundo material. El cuadrado es el símbolo del universo creado, de todo lo manifestado. Es la antítesis de lo trascendente, al mismo tiempo que contiene en su interior el Espíritu del Creador. El cuadrado se considera que tiene una energía anti-dinámica; como nos muestra su propia imagen, su movimiento no es fácil y continuo como lo es el movimiento del círculo. Desde el punto de vista dinámico, el polígono de cuatro lados y cuatro ángulos rectos simboliza la detención, la solidificación y la estabilización, dentro de la perfección de todo proceso creativo. El cuadrado nos proporciona la idea del mundo creado, limitado, inscrito en el espacio y en el tiempo, es la energía materializada y manifestada.

La Tetraktys era la base de la doctrina pitagórica. El número cuatro era para ellos la perfección divina, el número del desarrollo completo de la manifestación. Volveremos a la Tetraktys Pitagórica (1+2+3+4=10) cuando revisemos el Decágono, el valor del número diez y la cuadratura del círculo, así como en el capítulo destinado a Pitágoras de Samos, el gran filósofo de la historia que fue considerado el padre de la geometría y la matemática.

La idea de la energía de estabilización que posee el cuadrado la podemos ver a diario en nuestra vida. La manifestación solidificada y corpórea se expresa a través de nuestro modo de vida sedentario o civilizado, siendo el cuadrado en general la forma preferente en la urbanización de las ciudades y en las grandes masas arquitectónicas, preferencias muy diferentes a los colectivos más nómadas, los cuales prefirieron para su arquitectura las formas circulares como son las tiendas, los campamentos, los tipis de los indios, las cabañas, los iglúes...

Si nos remitimos a los relatos de Plutarco veremos que las ciudades, al menos hasta la época romana, tenían forma circular; sin embargo, la gran ciudad de Roma era ya de planta cuadrada y cuatripartita. No obstante, en la edad moderna poco a poco se fueron borrando los límites cuadrados o muros de las ciudades debido al ilimitado crecimiento urbano. Este fenómeno ha sido clasificado por las ciencias sociales como una pérdida de identidad, o de centro, que incluso genera innumerables problemas de ordenación, control y gobierno de las metrópolis. Sin embargo, la preferencia arquitectónica por las tramas cuadrangulares se reflejan aún hoy en fragmentos urbanísticos de numerosas e interesantes ciudades clásicas, siendo un magnífico ejemplo de ello el barrio del Ensanche de Barcelona, del arquitecto Alfonso Cerdá.

En las tradiciones astrológicas, el cuadrado representa la tierra, la materia y la limitación, mientras que el círculo es símbolo de lo universal y de lo infinito. En el símbolo cuadrado se encuentran a la vez las llamadas cuadraturas astrológicas o 'aspectos de 90°', que representan las dificultades vitales, las divergencias o impedimentos, aspectos astrales difíciles que requieren un gran esfuerzo por parte del hombre para ser superados, aunque esas experiencias son precisamente de donde obtenemos las oportunidades más evolutivas. La representación gráfica del horóscopo, la carta astral, hasta el siglo diecinueve era de forma cuadrada, no circular como ahora; fue a principios del siglo XX cuando en Francia, Paul Choisnard introdujo la forma circular para representar simbólicamente la carta natal, una forma mucho más práctica y racional de cara a realizar los cálculos matemáticos necesarios.

La forma cuadrada pertenece al Tiempo, mientras que los conceptos de Espacio y Eternidad vienen representados por el círculo. Estas dos figuras geométricas simbolizan dos aspectos fundamentales de Dios: la unidad y la manifestación divina. *El círculo es al cuadrado lo que el cielo es a la tierra*, o lo que la eternidad es al infinito. Por eso a menudo el cuadrado se inscribe dentro de un círculo puesto que, la tierra, nuestro mundo material, depende del cielo, de las leyes de lo eterno y lo universal. Así pues, todas las formas cuadrangulares son la perfección de la eternidad expresadas sobre un plano terrenal.

El Pentágono, el polígono de cinco lados, representa la unión de las fuerzas desiguales, la unión del principio masculino (el Tres) y el principio femenino (el Dos). Como simboliza la unión de las fuerzas contrarias, el pentágono es por tanto una forma geométrica que genera en los seres vivos una buena integración de sus dos polos, engendra realización, conocimiento y completitud. En la antigüedad lo asociaban a la idea de 'perfección'. El pentágono expresa una potencia determinada que es fruto de la síntesis de las fuerzas complementarias. Simboliza también el androginato.

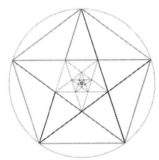

Un símbolo favorito de los pitagóricos era el 'pentagramon', el cual era por excelencia un símbolo de reconocimiento para los miembros de su sociedad, considerado así mismo el signo de integración o de adhesión a un grupo de Conocimiento. Su forma era estrellada y contenía ciertos diseños específicos en el interior de la estrella de cinco puntas, de los cuales destaca el pentágono invertido en cuyos lados se proyectan unos triángulos isósceles. El pentagramon pitagórico no solamente fue símbolo de conocimiento, sino que se utilizó como medio de adquisición de poder y como una herramienta de conjuros y ceremonias de distinta índole.

Arquetípicamente la forma singular del pentágono nos dice que su fuerza ya trasciende el mundo material (con sus cuatro elementos) pero que *incorpora un quinto elemento: el éter* o sustancia etérea. De hecho, el éter es una sustancia 'insustancial', valga la redundancia. El pentágono representa la incorporación de los planos más sutiles de existencia y la realización espiritual. Con su vértice hacia arriba este polígono geométrico nos eleva de vibración, proporcionándonos el poder o la posibilidad de trascender la materia, de elevarla y de purificarla. Representa el siguiente paso a dar en nuestra vía de desarrollo y evolución, después de la solidificación del cuadrado.

El pentágono es el polígono del cambio de actitud psicológica, de la adaptabilidad, la versatilidad y la actividad. Tiene unas enormes implicaciones psíquicas para la vida del hombre, para la trascendencia de sus fases egoicas y su incorporación a la sabiduría de la esencia anímica que dirige su proceso de desarrollo. En general puede decirse que el pentágono tiene el poder inteligente de captar y de movilizar las potencias o fuerzas ocultas que existen dentro del mundo de la materia.

El Exágono. Cualquier figura hexagonal, según la visión de la filosofía hermética, representa la síntesis de las fuerzas evolutivas e involutivas, a través de la interpenetración de los dos triángulos. El exágono es la figura de los dones recíprocos y del destino místico. Es un polígono que proporciona la perfección en potencia, nos ayuda a acercarnos a ella y activa el poder de la creación, tanto como el de la manifestación, así como el acercamiento y sinapsis entre todo lo que es recíproco y complementario por naturaleza.

El mundo fue creado en seis etapas y en las seis direcciones del espacio: los cuatro puntos cardinales, más el cenit y el nadir. En la tradición hindú, la forma exagonal es la penetración de la *yoni* por el *linga*; es el equilibrio del agua y el fuego en interacción (triángulo hacia abajo penetrando al triángulo hacia arriba. El exágono es de naturaleza expansiva. Expresa siempre 'la conjunción' de dos fuerzas opuestas, de dos entes distintos que se necesitan; la relación y la unión de un principio y de su reflejo.

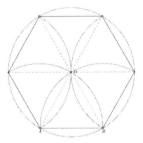

Los exágonos, con sus seis ángulos de 120 grados y las 6 aristas que los unen, son símbolos de fórmulas geométricas que nos proporcionan los arquetipos ideales y permanentes del universo. Nos aportan la posibilidad de integrar y relacionar los diferentes planos de manifestación, nos inducen al equilibrio entre lo material y lo espiritual, entre lo físico y lo psicológico, entre el órgano y el sistema al que pertenece, entre la célula y la fuerza sutil que le da vida.

Para los pitagóricos los seis lados representaban los seis niveles de naturaleza y de la vida en relación al cosmos. El nivel más bajo, decían, es el proceso biológico y orgánico de la germinación, tanto en lo referente a semillas como espermatozoides y óvulos. El segundo nivel representa la vida de las plantas. El tercer nivel natural corresponde a la vida irracional del reino animal. El cuarto nivel es el del ser racional, el hombre. El quinto nivel de la naturaleza corresponde al fenómeno de los 'Daimones' que, según los seguidores de Pitágoras, son los mediadores entre los hombres y los dioses. El sexto y último nivel de la naturaleza representa la vida de los propios dioses.

Siguiendo dicha visión filosófica, vemos que el exágono arquetípico sigue teniendo el 'poder de integración' de los diferentes planos de la manifestación. También entre los descendientes de los mayas este polígono es considerado de naturaleza femenina (por tener un número par de lados) y actúa en función de las seis revoluciones cíclicas de la luna y del acabamiento de un periodo en cualquier evolución. Iconográficamente no debemos olvidar la gran cantidad de veces que se ha utilizado el exagrama como elemento integrador y evolutivo; no olvidemos que el exagrama es una estrella de seis puntas con un exágono perfecto en su interior y seis poderosos triángulos que lo rodean, por lo tanto, como arquetipo y como símbolo, dicha estrella contiene mucho poder activo.

Como nota adicional, debo decir que la escritura de la palabra Exágono omitiendo la hache del inicio, es totalmente voluntaria. El no incluir la letra hache en 'exágono' es también correcto y opcional desde el punto de vista lingüístico (es una opción dada por la Real Academia de la Lengua), y esta fue mi personal decisión con el fin de que los alumnos no confundieran el arquetipo terapéutico Heptágono con el Exágono, algo muy frecuente y desde luego nada interesante desde el punto de vista médico.

El Heptágono es un polígono con una singularidad notable y al parecer con un gran poder energético. Sin embargo, existe muy poca representación iconográfica a lo largo de la Historia. Su origen numérico y matemático nos dice que el valor siete no puede ser generado o multiplicado por ningún otro número. El siete viene a ser como un *número virgen*.

Tanto Pitágoras, como su seguidor Filolao, lo consideraron el 'número principal', simbolizado por la diosa virgen Atenea. De la misma forma que el siete no puede ser generado por otro número, el heptágono también tiene unas características únicas puesto que indica siempre transición, el paso de lo conocido a lo desconocido, el cambio, la transmutación. Algo curioso de un heptágono es que la suma de todos sus ángulos internos es 900º exactos.

El arquetipo heptagonal representa la totalidad del universo, pero una totalidad siempre 'en movimiento'. Según Hipócrates, el polígono de siete lados mantiene todas las cosas en el Ser, integra polaridades, dispensa vida, aporta cambio y movimiento. Terapéuticamente hablando, es una forma geométrica reguladora de vibraciones y ciclos. Por otro lado, el heptágono viene a ser siempre el gran patrón del *cambio*, es decir, del acabamiento cíclico de las cosas y su necesaria renovación.

Posee el poder de finiquitar algunos asuntos y dar paso a los siguientes, según la ley de la evolución y de los ciclos vitales y psicológicos. El heptágono es por tanto un gran símbolo del dinamismo que permite que un ciclo sea completado, posibilitando que el terreno se vacíe de interferencias, se limpie, y pueda de este modo admitir 'información nueva' enfocada al futuro, habiendo limpiado los códigos del pasado. Sin embargo, a pesar de ser tan dinámico, es un símbolo de perfección vital y de unidad. Lleva implícita en su campo formal la energía de la fecundación, por el hecho de generar 'nuevos estados del ser'.

En la visión del método Geocrom, es importante destacar que todos los arquetipos del método 'codifican', excepto uno: el Heptágono Morado, el único que descodifica, que borra, barre o transmuta la saturación de códigos y vivencias. Es uno de los grandes limpiadores que prepara el terreno del paciente, descodificándolo y desprogramándolo, para luego poderlo reprogramar con alguno de los 76 arquetipos Geocrom existentes.

El Octógono, así como los polígonos cuyo número de lados son múltiplos de otro número, tienen básicamente la misma significación simbólica que el número simple (podemos observarlo también entre el triángulo y el exágono). Así, como el ocho y el cuatro, el octógono tiene las cualidades del cuadrado, pero dobladas o expansionadas. Si el cuadrado simboliza la tierra y la solidificación, el octógono vendría a ser la materialización y la expansión de la propia materia; el valor de la prosperidad en diversos campos.

El arquetipo octogonal simboliza así los logros y la consecución, el poder de la cosecha y la prosperidad. Esta figura tiene como misión lograr el control y la obtención del poder (tanto de la materia como del universo). El número ocho universalmente es considerado el número del equilibrio cósmico y de la gran expansión. Para los pitagóricos el Octógono fue llamado con el nombre propio de 'Armonía' (nombre acuñado en memoria de la esposa del legendario Kadmos). El octógono para ellos simbolizaba la amistad y la justicia.

Según la tradición católica, si toda acción en esta vida viene simbolizada por el número cuatro y por la forma del cuadrado, así el ocho y el octógono representan la vida, pero vivida con justicia. El octógono simboliza la consecución de los proyectos, el cumplimiento de los anhelos, las virtudes adquiridas, y también la educación, la evolución, la transición hacia pasos más elevados en la espiral de evolución. Simboliza a la vez la Resurrección de Cristo (en el octavo día) y por tanto la resurrección del hombre, una vez ya transfigurado y evolucionado. Las fuentes bautismales católicas tienen muy a menudo forma octogonal, al igual que los innumerables rosetones de las catedrales. El octógono para los católicos evoca la vida eterna y el entierro del pecado, que se alcanza precisamente por la inmersión en el agua bendita bautismal.

El polígono octogonal tiene el valor de mediador entre el cuadrado y el círculo, entre el cielo y la tierra, por tanto, trabaja con el mundo intermedio. El hombre está influenciado por el octógono y por el poder del número ocho, no solamente por el mecanismo de generación y estructura de su cuerpo sino también en la creación y ordenación de todo lo que condiciona su subsistencia. Aunque nos pueda parecer una referencia un tanto extraña, podemos ver que la señal de tráfico octogonal que nos dice 'stop', es decir, el paro inmediato de todo movimiento por existir un peligro extremo; simboliza también una orden o un comportamiento necesario si se desea seguir subsistiendo; saltarse un 'stop' puede significar la muerte y por tanto un cese en la evolución. Todas las señalizaciones que ordenan la circulación automovilística son una de tantas 'convenciones' humanas, pero curiosamente siempre son figuras geométricas significativas.

No debemos olvidar que en la representación del Bagua del Feng Shui (disciplina ideada hace más de 3000 años para la armonización energética de los espacios habitables) y también en el Tratado del I Ching, existen ocho signos denominados 'trigramas' que cada uno de ellos, en el diseño tradicional chino, ha sido situado a cada lado de un octógono. Cada arista del polígono arquetípico del Feng Shui, con su trigrama relacionado a cada área, tiene un significado energético distinto, representando cada uno de esos trigramas todos los fenómenos que tienen lugar en el mundo, así como las mutaciones o transformaciones que tienen lugar entre esas energías naturales.

Los ocho signos sucesivos, los trigramas, no son exactamente las representaciones de las cosas o los sucesos, sino que son su 'tendencia a la movilidad'. En el bagua del Feng Shui, cada trigrama del octógono representa un espacio o lugar distinto en una casa; la armonía o bienestar de un lugar depende de la ubicación ideal de cada habitación, su función y su espacio interior. Se dice también que cada lado del octógono y cada trigrama del I Ching (el gran Libro de Mutaciones, una obra anónima y uno de los libros más antiguos del mundo) representa una puerta dimensional que potencialmente nos puede trasladar de plano.

El Eneágono es una figura geométrica de la que no se encuentra apenas información simbólica (ni mucho menos terapéutica) y que casi no ha sido utilizada jamás en arquitectura ni en ninguna de las artes iconográficas de la historia. Hoy en día existe un método de investigación psicológica y anímica llamado el Eneagrama, en el cual, mediante el empleo de esta palabra, se designan nueve tipologías psicológicas distintas relacionadas entre ellas; sin embargo, la validez terapéutica del Eneagrama no parece tener nada que ver con el arquetipo geométrico o matemático, ni con su campo mórfico potencial, ni con las implicaciones simbólicas, arquetípicas y energéticas del polígono de nueve aristas y de nueve ángulos, eso siempre teniendo en cuanta mi grado de investigación actual, aunque estoy abierta a cualquier información que un lector conocedor del tema pueda aportar para las futuras investigaciones de la geometría inteligente.

El Decágono es un polígono de gran poder energético. Aquí la geometría sagrada consigue o vuelve a la totalidad del Uno; dicho de otro modo, el Decágono con sus diez ángulos reencuentra la fuerza del inicio, el número Uno. Como no existe un polígono de una cara, la primera figura geométrica que contiene esa gran fuerza del Uno es el Decágono. Por ser un polígono de diez caras, repite el poder del primer número de la década, de la Unidad, o sea, el gran ente generador.

Es un polígono energéticamente perfecto para 'repetir un proceso' porque está cerca del origen y porque recibe la benéfica influencia del valor del Uno, de su fuerte energía, una fuerza que en la vida y en la naturaleza se repite constantemente. Tiene el sentido de la totalidad y del acabamiento, del retorno a la Unidad... tras el desarrollo de todo un ciclo de purificación y aprendizaje; el Decágono es su consecuencia.

Para los pitagóricos, la Década era el símbolo de la creación universal y la base del desarrollo de su conocida Tetraktys Pitagórica (1+2+3+4=10), considerada por los metafísicos la fuente y raíz de la eterna naturaleza. En realidad, el Decágono tiene un papel totalizador y dinámico. Expresa tanto la muerte como la vida, el final y el principio, pero siempre desde su aspecto de alternancia y de coexistencia. Eso ya fue desarrollado en mi primer libro 'EL VALOR DE LO INVISIBLE'.

Sin embargo, ese dato de ser principio y final a la vez, es importante puesto que precisamente esta característica de alternancia dinámica es lo que hace que este polígono esté también en relación directa o sintonía con el conocido fenómeno de la *electricidad*. Sin los dos polos de un cable, alternándose continuamente en perfecta sintonía, la electricidad no existiría; ni las cargas eléctricas de nuestras células tampoco existirían, así como las de cualquier ser vivo.

Terapéuticamente hablando, el Decágono es uno de los polígonos que generan más cambio y transmutación energética en un individuo, en sus cargas atómicas, pero también en su entorno y en los campos eléctricos y magnéticos que lo impregnan. Por ejemplo, en la visión Geocrom, el Decágono Turquesa corrige y regula todo lo relacionado con la electricidad (en chakras y meridianos) y el proceso mental (obsesiones, insomnio…), además de las radiaciones del entorno. Sin embargo, el Decágono Violeta regula, sana y limpia todos nuestros aspectos magnéticos procedentes de las emociones y las relaciones.

El Dodecágono, la figura geométrica arquetípica de doce aristas con doce ángulos, simboliza el gran Universo en su desarrollo cíclico espaciotemporal. Es la multiplicación de los cuatro elementos, tierra, agua, aire y fuego, por las tres fases de cada elemento: evolución, culminación e involución.

El Dodecágono representa el mundo acabado, la consumación de lo creado y terreno transformándose en lo increado y divino. En la representación de los ciclos, este polígono se nos muestra también en los doce meses del año y en el ciclo de los doce signos del zodíaco.

Podemos observar a menudo la figura del Dodecágono en 'algunos' rosetones especiales del arte gótico en varias catedrales, entre ellas, el gran rosetón de 12 lados de Nôtre Dame de París. Representa la perfección, la plenitud y el desarrollo perpetuo del universo, más allá del tiempo, simbolizando pues la 'acción permanente' de la vibración cósmica. De hecho, el Dodecágono expresa el universo entero, no solamente la imagen del cosmos, sino su fórmula, su idea, el boceto de la creación. Podemos ver esta figura también en este rosetón de San Pietro de la Toscana.

Dicho polígono es un símbolo geométrico de gran valor en las enseñanzas cosmogónicas y metafísicas. Evoca el gran misterio de las evoluciones, desde lo fisiológico a lo espiritual, hecho que resume la Historia y el sentido del universo. Desde el punto de vista terapéutico, el Dodecágono nos proporciona una comunicación fluida y una profunda conexión con nuestro ser interno y con nuestra capacidad intuitiva superior, mucho más allá de los deseos egoicos y sensoriales de nuestra personalidad temporal.

En la relación íntima existente entre la matemática y la geometría diremos que, todo nuestro sistema actual de cálculo, está pensado en 'base diez'. Sin embargo, varios estudios avanzados nos dicen que la humanidad no dará el gran salto evolutivo hasta que no incorpore a sus cálculos la matemática en 'base doce'.

El Círculo representa un símbolo fundamental en la mística y en la geometría considerada 'sagrada'. El Círculo es en sí mismo un 'punto' extendido. Tiene propiedades de perfección, de homogeneidad y sobre todo de 'ausencia de división', es decir, de Unión. Es el desarrollo o la manifestación del Punto Central en cualquier creación. El movimiento circular que genera este polígono es perfecto, inmutable, sin variaciones, sin comienzo ni fin.

El Círculo es un polígono de naturaleza expansiva y un signo de gran armonía, un mandala, con enormes posibilidades terapéuticas y evolutivas. Es el símbolo de la Divinidad que produce, que regula y que ordena. El Círculo es el signo de la Unidad principal, su actividad, su creación constante y sus movimientos cíclicos. Representa todos los ciclos celestes, todas las revoluciones planetarias y zodiacales, así como los ciclos anuales. Simboliza también el tiempo y la rueda que gira. Es como el soplo de la Divinidad, un soplo creativo continuo y expandido en todos los sentidos. Si se detuviera, habría una especie de reabsorción del mundo.

En principio el Círculo simboliza a Dios y al cielo, mientras que el Cuadrado simboliza al hombre y la tierra. La 'cuadratura del círculo' era considerado el problema de *convertir un cuadrado en un círculo 'de igual superficie'*. Metafóricamente, la cuadratura del círculo significa el esfuerzo del hombre por purificarse y transformar así su energía terrenal en divina; es el eterno esfuerzo humano por el desarrollo, la sublimación y la divinización. El círculo dentro de un cuadrado se considera un símbolo de la chispa divina dentro de la envoltura terrenal, del espíritu existente en cualquier materia y en toda circunstancia.

En los diseños de un clásico mandala oriental, por ejemplo, el paso del Cuadrado al Círculo simboliza el pasaje entre la Tierra y el Cielo, el paso desde la cristalización del espacio, hasta el Nirvana, la indeterminación principal. En la Meca, el gran cubo negro de la Ka'Ba se yergue en un espacio circular blanco y todos los peregrinos inscriben, alrededor del cubo negro, un círculo ininterrumpido de plegarias.

Más allá de la relación del cuadrado con el círculo, podemos observar también esta forma sagrada en la tradición de la circunvalación de las mezquitas árabes y también en la circunvalación de los stupas budistas. La danza circular de los derviches está así mismo inspirada en este simbolismo cósmico. El consejo del Dalai Lama es también circular. En la iconografía cristiana, el Círculo representa la eternidad. Entre los indios de América del Norte, el plano circular es el símbolo del tiempo y el ciclo, del día, de la noche, de las fases de la luna y del ciclo anual; el círculo entraña en sí mismo el perpetuo nacimiento; no es casual que los indios americanos construyeran sus viviendas textiles o tipis, en forma circular.

En magia, como circuito cerrado, el Círculo era siempre un símbolo de protección y de defensa; cerraba el paso a los enemigos, a las almas errantes y a los demonios. Estos círculos protectores tradicionalmente han tomado forma de anillos, brazaletes, collares, cinturones y coronas, ornamentos todos ellos circulares que son usados a menudo aún hoy como amuletos de protección y por lo tanto de poder. Esas joyas no solamente han sido objetos de adorno, como podemos pensar frívolamente, sino que terapéuticamente desempeñan un gran papel de 'estabilizadores' de la energía, manteniendo el alma y el cuerpo cohesionados, unidos dignamente, además de mantenernos protegidos contra posibles fuerzas alteradoras del entorno.

Carl G.Jung en sus trabajos nos mostró que el Círculo es la imagen arquetípica de la totalidad de la psique; según él era símbolo del 'sí mismo'. En otros contextos el Círculo representa el Amor porque abarca, envuelve y contiene; y también a la Justicia porque es un polígono que está en perfecto equilibrio. Así mismo el arquetipo del Círculo representa el Espacio/Tiempo como una sola unidad, porque contiene todo lo que fue, todo lo que es y todo lo que será.

Finalmente, **las espirales**. Respecto a las formas espiralizadas, puede decirse en general que la Espiral es el patrón de la *representación abstracta del amor*. Es la fuerza de la vida en expansión. La forma en espiral es el despliegue del círculo, la forma del proceso completo y el arquetipo de todo lo creado y finito.

La espiral es un círculo que avanza hacia su propio volumen, desdoblándose poco a poco hacia el infinito. La espiral es la forma inacabada siempre viva y vibrante; es la síntesis de todas las vibraciones existentes, el resumen de todas las ondas y la plasmación de todos los sonidos, el instrumento del cosmos.

La fuerza mórfica de la espiral procede del amor, engendra amor y despliega amor. Si una espiral gira de forma levógira, desde su centro hacia el exterior (en un sentido contrahorario) entonces tiene propiedades adecuadas para realizar un trabajo interior de autoconocimiento, de autoestima y autovaloración. Sin embargo, las espirales dextrógiras (que giran en sentido horario) poseen unas propiedades que, en nuestra psicología activarán un sentimiento amoroso de entrega y de fraternidad, ayudando al ser humano a realizar un trabajo desde su ser único hacia el exterior de sí mismo, hacia los demás.

Espirales naturales con giro dextrógiro (izquierda) y giro levógiro (derecha)

No podemos ignorar que el ADN de cada molécula está formado por una doble espiral enroscada sobre sí misma, como una escalera de caracol. Ahí se encuentran todos los cromosomas ordenados y toda la información codificada de nuestro ser, físico, energético y psicológico. La espiral es la forma más eficaz de agrupar todo el material, códigos y características de nuestra persona. Si no estuviera organizado en esta forma espiralada tan concentrada, todo el material genético estaría desordenado por el espacio celular.

La molécula del ADN se envuelve sobre sí misma para guardar toda la información necesaria para la vida, y lo hace en el mínimo espacio posible. Es interesante observar que si realizáramos un corte transversal de la molécula de ADN, aparecería un decágono. Esta forma geométrica es a su vez el resultado de dos pentágonos superpuestos, que tienen una relación directa con el número Phi o proporción áurea.

En nuestra espiral de ADN es donde se encuentran las instrucciones hereditarias que necesitamos para existir. No olvidemos que esa herencia solo se transmite por la unión amorosa de nuestros progenitores. La forma de doble hélice es la manera en que están conectadas entre sí todas las posibles formas de vida; y todas ellas utilizan esta misma estructura espiral para transmitir la información vital.

09 · INTELIGENCIA GEOMÉTRICA EN LA NATURALEZA

Belleza, perfección, equilibrio, armonía, todas ellas son palabras que nuestra mente subconsciente reconoce automáticamente como pertenecientes a un mundo que ya existía antes de que naciéramos y que seguirá existiendo después de morir. Todas ellas nos hacen recordar siempre el máximo exponente que existe de la armonía y perfección, más allá de cualquier obra de arte: la sabia y armónica Naturaleza.

La desconcertante construcción geométrica de cada cristal, la misteriosa y sofisticada perfección de cada flor, la obstinación de la brizna de hierba que lucha incansablemente por vivir aunque esté rodeada de asfalto, el pájaro que con tan solo nacer se lanza al inmenso vacío reconociendo su innato don; el equilibrio constante y matemático de todas las estrellas del firmamento, la sabiduría inherente a cualquier ser vivo de la naturaleza, toda esa inteligencia vital y expansiva... desde luego no puede dejar indiferente a nadie. Una y otra vez vemos la armonía y la perfección a nuestro alrededor, la vemos desde que nacemos hasta que morimos, pero, por poco sensibles que seamos, no por verlo cada día nos deja de sorprender y de maravillar.

Existe una calidad de energía que podríamos llamar fuerza de diseño vital que está asociada y es inherente a toda la materia del cosmos y, al emplear la palabra 'cosmos', me refiero a lo que está allá arriba y a lo que está aquí abajo, en nuestra vida cotidiana y en nuestro cuerpo. Vivimos inmersos dentro del matemático diseño del sistema solar y somos partícipes del diseño sublime de las cristalizaciones, del diseño vital y perfecto de nuestras células y proteínas, incluso del misterioso diseño en doble espiral del ADN que nos perpetúa. Claro que podemos preguntarnos una vez más quién es la sabia mano ejecutora de tanta perfección, pero yo propongo que tan solo observemos lo que sabemos de la naturaleza. No la clasifiquemos más, tan solo observémosla. Intentemos comprender simplemente todos estos diseños inteligentes y la magnífica armonía que desprende la vida misma. Un pequeño examen de la estructura formal y del crecimiento de los seres, tanto orgánicos como inorgánicos, nos revelará la repetición constante de ciertas proporciones armónicas, numéricas y geométricas. La naturaleza, toda ella, es como el reflejo de unas leyes y unos patrones fundamentales y repetitivos en todo el Universo conocido hasta ahora.

Esta pequeña observación, la revisión que ahora vamos a realizar de ciertos parámetros naturales, los cuales expuse también en otros libros destinados a otros colectivos, nos ayudará a comprender los valores vitales de la Geometría, desde luego, pero también nos ayudará a recordar que somos también parte de esa naturaleza inteligente y que la raza humana, como uno de los cuatro reinos existentes en el planeta, vive en una comunión mística con las formas y las fuerzas de esa naturaleza perfecta. Incluso me atrevo a afirmar que la geometría y las relaciones armónicas que contienen todas las formas naturales, despiertan en nosotros resonancias afectivas, lógicas e incluso orgánicas. Esa es precisamente la base de mi trabajo de investigación terapéutica.

Al contemplar siquiera una pequeña parte de esa incansable Naturaleza, solo con ese simple acto de contemplación, en el interior de ese observador se genera cierto cambio (ya sean cambios más claramente percibidos o menos por él; se crea un evidente aumento de su potencial energético y, en definitiva, se activa un nuevo equilibrio inteligente en su interior. Todo él adquiere armonía, pero sobre todo adquiere una especie de integración de todos los elementos de su Ser. De tal manera la contemplación de los procesos naturales nos afectan y modifican nuestra conciencia que incluso podría decirse que toda forma, color, sonido o aroma de la madre naturaleza, contiene de forma inherente un mensaje subliminal que activa el propio proceso de evolución de cualquier ser vivo.

Antes de examinar cómo están relacionados los números y la geometría a cada uno de los cuatro reinos de la Tierra, deberíamos revisar algo general y permanente en ellos: la constante matemática Φ. Existe un número matemático que se expresa de forma constante en la 'vida' misma, en sus proporciones y determina las características de su crecimiento progresivo. Esta constante matemática a lo largo de la Historia se le ha llamado La Divina Proporción o el Número de Oro: se trata del número Φ, letra griega que se pronuncia 'fi' y a menudo se escribe 'phi'. Su valor es 1,618033..., un número algebraico inconmensurable.

La serie numérica del número Fi es una serie aditiva y a la vez multiplicativa, es decir, una serie numérica que participa de una progresión aritmética y geométrica al mismo tiempo. Esta divina proporción posee cualidades y características notables, tanto por ser una constante matemática, como por ser una invariante algebraica y también (y eso es lo visible y lo experimentable) por la fecundidad de aplicaciones que da su utilización. Toda armonía en las formas existentes puede expresarse o simbolizarse por números. En todo el Universo existen pues entidades geométricas fundamentales basadas en esos números y derivadas de esa proporción áurea o Número de Oro.

Ocupémonos por un momento de los cristales de la madre naturaleza. El estudio de las particiones homogéneas del espacio y la teoría de las redes de puntos generan la ciencia de la Cristalografía, un verdadero encuentro entre la química molecular, la geometría y los fenómenos de la 'simetría'. Para simplificar el significado de las redes elementales que generan todas las cristalizaciones podemos hacer un ejercicio muy sencillo que nos servirá de ejemplo visual: si quisiéramos cubrir completamente una superficie, sin dejar ningún hueco, con la intención de hacer un mosaico o pavimento, solo podríamos hacerlo con tres formas geométricas.

Para hacer el experimento podemos recortar en cartulina todos los polígonos existentes e intentar cubrir una superficie (como quien hace un 'puzzle'...) pero cogiendo cada vez un sólo tipo de estas figuras. Veremos que sólo podemos cubrir este mosaico, únicamente con tres figuras: el triángulo equilátero, el cuadrado y el exágono. Jamás cubriremos un pavimento, sin dejar huecos, con pentágonos, dodecágonos, heptágonos, ni con ningún otro polígono. Estas son las tres redes fundamentales que se encuentran en los cristales de la naturaleza. Notemos que solo los polígonos regulares cuyo ángulo en el vértice sea un múltiplo de 360°, son los válidos para el crecimiento y la cohesión de los cristales; es decir, solamente los ángulos de 120°, de 90° y de 60°.

A estas redes elementales se les llama redes isótropas, por ser homogéneas en su estructura lineal y angular. Estas particiones homogéneas del espacio generan siete tipos fundamentales de geometría, cada uno de ellos corresponden a un tipo de simetría de un polígono plano (y en su forma volumétrica corresponden a un 'poliedro'). Los diferentes sistemas de cristalización, según sus ejes de simetría, son los sistemas cúbico, tetragonal, exagonal, trigonal, ortorrómbico, monoclínico y triclínico. Antes de continuar en lo que más nos interesa para nuestro estudio voy a proporcionar, a modo de paréntesis y para los interesados en el tema, una pequeña relación de las diferentes piedras, gemas, metales y minerales que nos da la naturaleza, según esos **siete sistemas de cristalización** que parten de las tres redes isótropas fundamentales. Según versión de Rupert Holchleitner, mineralogista de la Universidad de Munich:

El diamante, granate, fluorita, lapislázuli, pirita, sal, galena, oro, plata y cobre, siempre cristalizan según el sistema *cúbico*.

El circonio, calcopirita, rutilo y wulfemita pertenecen al sistema *tetragonal*.

El cristal aguamarina, esmeralda, rubí y grafito, cristalizan según la simetría *exagonal*.

El cuarzo, turmalina, calcita, cinabrio, rodocrosita, hematites y dialogita, cristalizan según el sistema *trigonal*.

El peridoto, topacio, olivina, azufre y goethita, pertenecen al sistema *ortorrómbico*.

El talco, el yeso, el jade y la malaquita son clasificados según el sistema *monoclínico*.

El feldespato y la turquesa cristalizan según el sistema *triclínico*.

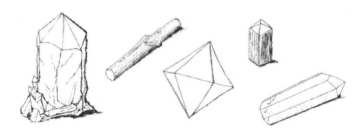

En el mundo hay centenares de minerales y piedras clasificados, por lo tanto, debe tomarse lo dicho solo como una pequeña síntesis de ayuda para quien sintonicen con los cristales, y para reconocer simplemente la variedad de expresión de las tres redes isótropas a las que pertenecen los siete *únicos tipos* de cristalización.

Las diferentes configuraciones de los cristales que da la naturaleza son estados de equilibrio estables que vienen determinados por una causalidad muy rigurosa. Todas las formas y colores de las piedras, cristales y gemas, están generados por las reacciones químicas de los diferentes elementos simples de la naturaleza. Estas reacciones son en sí mismas una tendencia de los electrones a combinarse según disposiciones estables.

Lo más fascinante de la relación entre la causación de las formas naturales y la geometría es que, entre todas las agrupaciones posibles de combinación de redes, los cristales (y los sistemas físico-químicos aislados) toman únicamente las formas cuadradas, triangulares y exagonales, pero nunca toman la forma del pentágono ni de sus derivados (dodecaedro, icosaedro...). La simetría pentagonal está claramente relacionada con la vida orgánica, de la misma manera que la forma exagonal está asociada a la vida inorgánica.

Un maravilloso ejemplo lo tenemos en la propia agua, el mineral más móvil de todos los existentes. Cuando el agua se convierte en hielo, los cristales microscópicos que se generan muestran una variedad de formas y diseños, siempre exagonales, de una extraordinaria belleza:

Es precisamente en la vegetación donde encontramos normalmente las formas pentámeras, mientras que el mundo inorgánico, es decir, los cristales (visibles o microscópicos) es un reino de la naturaleza que se genera únicamente a partir de redes cúbicas, triangulares y exagonales, pero nunca a partir de armaduras pentagonales. Un examen microscópico de los cristales de nieve, por ejemplo, manifestará constantemente una simetría exagonal. Como dijo el científico F.M. Jaeger: *'Tanto en el caso de los animales como en el de las plantas, parece existir una cierta preferencia por la simetría pentagonal, una simetría claramente relacionada con la sección áurea y desconocida en el mundo de la materia inerte...'*

La sección áurea y la simetría pentagonal son como un monopolio absoluto del crecimiento orgánico. Muchísimas especies de flores corresponden a estas formaciones pentámeras o de cinco pétalos, como pueden ser el nenúfar amarillo, el clavel, el geranio, el malvavisco, las primaveras, la jeringuilla, la flor del escaramujo, la campánula, incluso las flores del naranjo, del peral, de la fresa, entre muchas otras. A algunas especies, la flor de la pasión por ejemplo, responden a dos simetrías a la vez: a la del Pentágono y a la del Decágono (cinco lados y justo el doble, diez lados) algo que ocurre también en otras formaciones vegetales.

La manifestación pentagonal se encuentra también en otros seres vivos, en el hombre y en todo el reino animal; por ejemplo, el tener cinco dedos con cinco huesos en cada mano y en cada pie es propio de muchísimas especies; incluso las ballenas cuentan con cinco huesos en la estructura de sus aletas, como muestra el estudio de Matila Chyka. Sin embargo, la morfología de los insectos es muy variada, a menudo bastante asimétrica pero, aunque sean animales que no parezcan tener un patrón geométrico predominante, el crecimiento y morfología de los insectos está basada también sobre la serie numérica y las proporciones del Número de Oro, cuyo valor es 1,6180339... En la Antigüedad, Pitágoras nos hablaba ya sobre la Péntada o Número Cinco, como un gran símbolo de 'armonía en la salud' y de la integración de lo masculino y lo femenino.

Patrones pentagonales de crecimiento natural de algunos organismos marinos

Tiene mucho interés también la inteligencia natural respecto a la propia funcionalidad y practicidad de esos magníficos diseños de la naturaleza. Especialmente en la morfología del reino animal, pero no exclusivamente en él, la disposición de líneas de fuerza en cada una de sus partes predispone 'la aptitud' de cada animal, su manifestación óptima. La aptitud idónea de un animal y de muchos seres vivos está relacionada por un lado con unas condiciones puramente estáticas, su resistencia, su equilibrio y estabilidad. Por otro lado, las aptitudes óptimas también se relacionan a sus propias condiciones dinámicas.

Cuando un animal (o un objeto) debe hacer un movimiento, necesita en primer lugar ligereza, moverse con el mínimo de pérdidas de energía, una buena distribución de peso en sus formas, resistencia adecuada al aire, o al agua, etc. Los animales, sobre todo los pájaros y los peces, satisfacen por completo estas dos condiciones estáticas y dinámicas. Es por esa razón que su aspecto formal nos produce una sensación armoniosa y placentera. Las plantas satisfacen también, en su estructura y distribución, las mejores condiciones de forma y de resistencia en relación con su crecimiento y ciclo vital particular, además de ser armoniosas a la vista y proporcionarnos mucha energía tanto en la alimentación, como en medicación, como en su simple contemplación.

Células epiteliales agrupaddas aprovechando el máximo espacio vital

Los tejidos vivos producen configuraciones dinámicas de simetría exagonal, al igual que la forma espiral (de la que pronto hablaremos) el patrimonio de la vida. La red exagonal se encuentra en muchos tejidos celulares como el ojo de la mosca, las colonias de madréporas, las celdillas de la abeja, etc. Un panal hecho por abejas es un patrón de relaciones armónicas, una red de exágonos perfectamente elaborados y calculados, que comparten sabia y económicamente sus lados. Esta red isotrópica basada en la forma del exágono la encontramos también con frecuencia en la propia estructura de la célula humana.

La forma exagonal es una de las formas geométricas que más superficie tiene en un perímetro dado (más que la del triángulo, la del cuadrado y la superficie del pentágono) y por lo tanto es la primera figura que más se acerca al círculo y a la esfera. La célula tiene comúnmente una forma esférica irregular que, por su igual repartición de tensiones, proporciona el volumen máximo de una superficie, a fin de permitir la vida. Cuando esas esferas se comprimen en un tejido, microscópicamente las podemos ver como ciertas formas exagonales (desde luego irregulares y móviles).

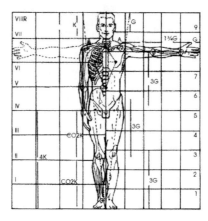

El fundador de la Estática Gráfica, C. Culmann, ya había observado que: '*...los huesos del hombre y de los animales aparecen como un sistema que tiene la máxima resistencia con el mínimo de sustancia*'. La disposición de las células en las partes esponjosas de los huesos, tejidos y estructuras que deben sostener grandes esfuerzos, presentarán curvas de máxima resistencia a la tracción y a la flexión. Un examen microscópico de los tallos de las plantas muestran el problema resuelto, el de la máxima resistencia con el mínimo de materia, problema que bien podría significar un verdadero reto para el mejor ingeniero, genetista o diseñador.

El cuerpo humano, en su aspecto de proporción formal, también refleja fielmente las leyes matemáticas del crecimiento. En diferentes estudios del esqueleto se ha comprobado, tanto si lo medimos de frente como de perfil, un ritmo armónico de rectángulos, siempre emparentados con los rectángulos áureos. Esto representa una armonía anatómica dinámica, basada sobre un esquema matemático riguroso según los expertos, con un error menor a un milímetro en todo el cuerpo de un humano. El estudio de las longitudes medias de los brazos, antebrazos, piernas, caja torácica, pelvis, cráneo, dedos, etc. muestran la preferencia de la sección áurea y otras proporciones matemáticas recurrentes que Heller expresó perfectamente en su estudio llamado 'Tablas de Proporciones'.

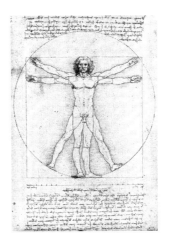

Referente a la perpetuación y repetición de las formas creadas, diremos que todo ser vivo crece 'conservando' las líneas generales de su forma, principio que ya ha sido reciente y magníficamente explicado por el bioquímico actual Rupert Sheldrake, en su obra 'Una Nueva Ciencia de la Vida', autor y obra a la que dedicaremos un capítulo entero.

Como anteriormente ya observaba D'Arcy Thompson *'...la concha retiene su forma inmutable, a pesar de su crecimiento asimétrico y, lo mismo que los cuernos de los animales, crece sólo por una extremidad. Esta notable propiedad de 'aumentar por crecimiento terminal', sin modificación de la forma de la figura total, es característica de la espiral logarítmica y no la tiene ninguna otra curva matemática.'* Evidentemente, en esta revisión de las formas inteligentes de la madre naturaleza, más allá de la geometría euclidiana y dentro de la armonía de las curvas, no podemos olvidarnos de 'la forma inherente a todo crecimiento': la Espiral, una de las formas de la geometría más bellas y expansivas.

Las espirales logarítmicas, que se basan también en la razón matemática del Número de Oro, y por lo que respecta a la pulsación de crecimiento de esas espirales geométricas, se pueden distinguir tres tipos de espirales diferentes que se repiten constantemente en la naturaleza: la espiral de *pulsación radial*, la de *pulsación diametral* y la espiral de *pulsación cuadrantal*.

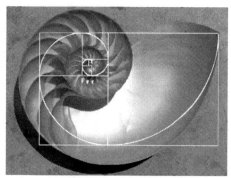

Espiral áurea del nautilus

Dentro de la armonía y perfección de las curvas se encuentra también la curva catenaria (cuyo centro de gravedad es el más bajo posible); lo podemos ver especialmente en la forma de los huevos de cualquier especie. Las dos curvas meridianas de un huevo son dos curvas catenarias de longitud diferente. El círculo de hinchazón máxima de un huevo siempre determina una razón áurea (la constante matemática 1,618...) sobre su eje de simetría.

Otro aspecto sorprendente y común en la vida, siempre expansiva y evolutiva, es el fenómeno del crecimiento. Los cristales inorgánicos crecen o aumentan por 'aglutinación', es decir, por adición de elementos idénticos. Sin embargo, los organismos vivos crecen por 'expansión', es decir, desde dentro hacia fuera. En los cristales, sus moléculas permanecen idénticas (mientras dura su proceso de agrupación), mientras que, en el tejido vivo, de cualquier animal, vegetal o ser humano, las moléculas se renuevan constantemente por combustión y por eliminación. De ahí que las formas predominantes que adoptan las células sean de tendencia esférica o bien con la forma de polígonos de máximo aprovechamiento del espacio como son los exágonos.

Hay una ley que regula este fenómeno de expansión denominada 'ley de energía de superficie mínima', o ley de la economía de la materia, con la máxima acumulación de energía y posibilidades. A esta sabia ley natural, en la historia de la biología y de la física, se le ha dado diversos nombres, pero se trata del mismo principio: 'Principio de Hamilton' o 'Principio de Conservación de Energía' o 'Principio de Acción Estacionaria' o 'Principio de la Mínima Acción', ley que contiene además toda la teoría de la relatividad de Einstein.

No es especialmente importante la denominación que le demos, los hombres, pues es una denominación siempre variable; lo que realmente importa es saber que se trata de una ley que se comporta como 'dominadora e invariable' en todo el universo físico, de la que luego se deducen todas las leyes y ecuaciones de la termodinámica, del electromagnetismo y de la gravitación, nada menos.

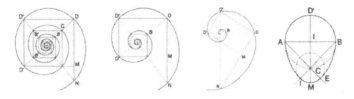

Espirales logarítmicas: -a- -b- -c- -d-
a/ espiral de pulsación radial b/ espiral de pulsación diametral
c/ espiral de pulsación cuadrantal d/ curvas catenarias de un huevo

Podemos decir que la espiral, especialmente la forma de la espiral logarítmica es un perfecto esquema de crecimiento y de vida, caracterizado por una progresión del número de oro. Este esquema formal lo podemos observar fácilmente en distintos fenómenos del planeta. Además de la espiral inherente a nuestro propio sistema solar, podemos ver también los movimientos espirales en las nubes, en los huracanes, los tornados y los océanos. En el hemisferio norte, se dice que la espiral natural se mueve de izquierda a derecha. En cambio, en el hemisferio sur, el movimiento de la espiral será al contrario, de derecha a izquierda.

Seguimos observando la vida orgánica y vemos la repetición de este mismo 'patrón vital', la espiral, en los cuernos de los alces, en las conchas, en las ramas de muchos árboles y otros vegetales, zarzillos, etc. En los seres humanos, el patrón espiral se repite en el movimiento del espermatozoide, en las huellas dactilares, en la formación interna del oído, en el crecimiento del pelo, en el recubrimiento del esófago y de otros tejidos del cuerpo, y sobre todo en la doble aspa que conforma la espiral del ADN, mecanismo base de nuestra evolución y perpetuación como especie.

Así mismo, todo lo dicho hasta ahora lo podemos expresar sintéticamente de otro modo: la geometría y la matemática, resumen un lenguaje simbólico, presente en toda la naturaleza, que no es más que el lenguaje universal. Los polígonos geométricos planos son el ABC de ese lenguaje encriptado del mundo visible, es decir, los polígonos básicos son el *lenguaje primordial de las formas*.

Aprender a leer las abstracciones contenidas en las figuras geométricas, presentes y observables tanto en el macrocosmos como en el microcosmos, puede elevar la capacidad de la mente humana y expandir nuestra conciencia. La observación geométrica y su experimentación (incluso terapéutica) nos conduce a comprender el lenguaje de los símbolos del universo entero y nos abre infinitos caminos de investigación.

Llevando esta simple exploración al mundo de la sanación y al terreno de la medicina evolutiva e integrada, podremos comprender que no tiene nada de particular pensar en la posibilidad de utilizar la geometría para conseguir la curación de un ser humano, para activar cierto equilibrio en él, tanto en sus alteraciones orgánicas como en sus comportamientos psicoemocionales (puesto que todos ellos son campos de energía) debido precisamente debido a esa ley de resonancia formal, al acoplamiento con unos patrones armónicos, básicos y siempre presentes en la propia naturaleza inteligente.

Aportarle una a aquella persona unos códigos o frecuencias geométricas, facilitarle una fórmula geométrica armónica y coherente para ella, reprogramarla con la representación sintética de ciertas formas existentes, no tiene nada de absurdo. Tal vez sea incluso inteligente 'plantar una semilla universal' en su campo energético, colocar en él o cerca de él un patrón geométrico, una pauta de crecimiento armónico, un arquetipo vital. Que nunca se haya hecho, para mí no significa nada. Es interesante 'recordarle' cual es el orden, la armonía natural, proporcionarle la pauta, el plano topográfico, el código o la frecuencia del equilibrio universal.

Es perfectamente posible, legítimo, efectivo, y además fácil, introducir un patrón perfecto, equilibrado y matemático, un simple polígono geométrico, introducir (a través de los puntos de acupuntura) un soporte formal lleno de información codificada, natural y saludable, proyectando sobre aquel ser humano (a través de una fuente de luz, como lo hacemos con la Geocromoterapia) ciertas matrices, figuras o esquemas de perfección universal, con un test previo acertado, ecuánime y profesional, como enseño en mis cursos.

En nuestra práctica habitual de la sanación Geocrom, de la que hablaremos en los últimos capítulos, es perfectamente posible, coherente y efectivo, utilizar una forma geométrica con una vibración cromática determinada, como hacemos habitualmente, con el fin de armonizar a un Ser vivo. De esta forma le proporcionamos cierto 'orden' que perdió u olvidó, con la finalidad de que aquel individuo, tanto sus células como su psique, resuenen verdaderamente en la misma sintonía que su Esencia primordial. Con el empleo consciente de la Geometría el hombre sintoniza con el diseño original del que está hecho y concebido, entendiendo con lucidez, reconociendo y activando instintivamente, las correspondencias sutiles y las interrelaciones que existen entre él y toda esa Naturaleza inteligente que nos rodea y nutre, como hemos explorado en este capítulo.

10 · LA REVOLUCIÓN DE PITÁGORAS

Tal vez uno de los pensadores griegos peor conocidos de la Antigüedad fue Pitágoras, aunque también ha sido uno de los personajes más mitificados de la Historia. Pitágoras de Samos ha sido mal conocido mayormente porque sus profundas e innovadoras enseñanzas fueron distorsionándose sobre todo cuando, a partir del siglo IV, los cristianos controlaron el Imperio Romano. Sin embargo, considerando la fecha de nacimiento de Pitágoras, alrededor del año 569 antes de Cristo (según la mayoría de fuentes históricas), podemos constatar que el impacto de su pensamiento se mantuvo, pese a todo, durante casi doce siglos. Muchos otros grandes filósofos de épocas posteriores (incluso mucho más conocidos y populares) basaron sus investigaciones y disertaciones en la obra de Pitágoras. Puede considerarse pues una importante fuente de conocimiento tanto científico como espiritual.

Pitágoras fue el fundador de una auténtica escuela de pensamiento filosófico y científico; fue un gran matemático, un músico genial y también un importante reformador social, teniendo en cuenta su época. Quizá lo más destacado de su obra fueron sus 'intuiciones' sobre los números (aclararemos esto más adelante) que posteriormente impregnaron las teorías más célebres realizadas en el campo de la física y de la matemática moderna, incluida la Teoría de la Relatividad.

Antes de revisar su investigación sobre el poder de la geometría y de los números, vamos a centrar un poco al personaje en su época, puesto que nunca se nos hace fácil situarnos mentalmente 2.500 años atrás y nos resultará muy importante para comprender su trabajo. Samos fue el pequeño lugar donde Pitágoras vivió los primeros años de su vida, una isla del Egeo situada frente a Asia Menor, emplazamiento de capital importancia para su posterior desarrollo. En las ciudades helénicas de Jonia, donde Pitágoras vivió posteriormente, como Efeso, Mileto y, más allá, Lidia y Anatolia, eran todas ellas ciudades prósperas que en aquella época gozaban de cierta libertad y suntuosidad, lo que dio lugar a un renacimiento cultural y científico, gozando a la vez de un ambiente intelectual refinado y elegante.

Toda esta situación de esplendor pronto se vio truncada por la destrucción y en cierto modo por la tiranía de la invasión persa. Durante un tiempo Pitágoras fue cautivo en Babilonia, circunstancia que representó para él una buena oportunidad para ser instruido en la religión y la filosofía de los hombres sabios de Persia; fue justo en esta época cuando se supone que Pitágoras conoció la doctrina de Zoroastro basada en el paradigma de la 'luz'.

Para llegar a comprender realmente a los pitagóricos, su forma de vivir y de pensar, deberíamos familiarizarnos un poco también con el pensamiento helénico; sólo diremos que lo más importante a tener en cuenta es que, los primeros biógrafos de Pitágoras, es decir Apolonio, Porfirio y Jámblico, pertenecen al 'renacimiento' pagano de los clásicos, en el siglo III y IV de nuestra era. Es decir, estas fuentes biográficas datan como mínimo de ocho siglos después de la existencia de Pitágoras. Si nos centramos en su época, es decir, nada menos que cinco siglos antes de la aparición de Jesús, podremos consultar los documentos históricos de autores clásicos como Empédocles, Heráclito, Ión, Jenófanes, Heródoto, Isócrates y Platón, teniendo en cuenta que éstos mostraron a Pitágoras como una figura muy carismática con los rasgos propios de un guru, un chamán o un sabio.

Así fue realmente considerado Pitágoras en su época, como un personaje místico y milagroso (la *taumaturgia* fue un aspecto realmente importante en su vida), aunque en aquel momento no fue valorado como pensador y filósofo puro. Sin embargo, los que han interpretado posteriormente a Pitágoras como 'un gran pensador con un sistema puramente racional', han pasado por alto que su filosofía es fundamentalmente mística e intuitiva, más que científica y racionalista. Los argumentos de sus conclusiones místicas pueden resultar racionales, irracionales o suprarracionales, porque sus estudios incidían sobre la realidad de lo oculto, o sobre el valor de eso que es invisible, como la música de las esferas, el cosmos de los números divinos, los valores de la geometría y la visión estética del Uno, entre muchos otros conceptos casi abstractos.

Durante los noventa y nueve años de la vida de Pitágoras de Samos, existieron dos grandes testigos oculares, Heráclito y Empédocles, que nos dejaron plasmado en sus escritos la doble característica inherente al personaje: por un lado, su inteligencia, su amor por la sabiduría y su temperamento investigador. Por otro lado, sus poderes milagrosos y su facilidad para recibir información del cosmos y entender las revelaciones que obtenía de ese cosmos, como buen canal que era.

Pitágoras tenía ese don y además sabía convencer a sus seguidores, originando un cambio interior en ellos. No los convencía con consejos moralistas sino con su poder y fuerza psíquica e intelectual. Podríamos decir que supo transformar su habitual ansia de aprender, en algo importante, místico y espiritual. Pitágoras era además un músico genial que, según decían, podía controlar a los animales y a los seres humanos con el toque de su cítara. Además, el sabio polifacético había descubierto las correspondencias musicales secretas en el cosmos y demostró que los intervalos armónicos musicales están regidos por las matemáticas. Otros historiadores nos muestran sus interesantes e innovadoras teorías sobre la reencarnación, la inmortalidad del alma o, como los propios pitagóricos la llamaban, la *transmigración*.

Otros clásicos helénicos como Aristoxeno, Timeo y Dicearco nos informan de la gran actividad política de Pitágoras y sus seguidores. Lo presentan como un gran reformista y amante de la libertad; de hecho, fue un buen político, además de revolucionario y activista. En diversas ocasiones incitó a los esclavos de las ciudades italianas a rebelarse contra sus gobiernos tiranos y promovió, en definitiva, el espíritu de libertad entre las comunidades. Se dice de él que liberó a su esclavo Zalmoxis y se hizo su amigo. Muchos pitagóricos de la época y posteriores, dejaron de tener esclavos y sirvientes, en nombre de la autosuficiencia y de la libertad interior.

Lo muestran también como un gran profesor de Aritmética y de Geometría, proponiendo teorías al respecto muy revolucionarias para la época y profundamente atadas a las Matemáticas. Otras teorías muy interesantes de él fueron sobre Astronomía y sobre Psiquiatría. Pero una de las grandes innovaciones teológicas de Pitágoras fue en el campo de la Música y la Armonía. La palabra 'Harmonía', término clave del pitagorismo, significaba 'acoplamiento o adecuación entre sí' de las cosas. Según Homero, la Armonía era la 'clavija material' con que las cosas se unían; por ejemplo, la afinación de un instrumento con cuerdas de diferente tirantez, creaba una escala musical. El descubrimiento en sí de Pitágoras sobre la armonía musical, en síntesis era que, ciertas razones numéricas del universo, determinan los intervalos concordantes de la escala musical; dicho de otra forma, Pitágoras en su investigación halló las leyes numéricas y matemáticas de las notas de la octava musical.

A la edad de cuarenta años, Pitágoras tuvo que huir a Italia por razones políticas, según las fuentes, y se instaló en Crotona, una colonia griega llamada 'la Magna Grecia', donde vivió y trabajó muchos años. Una de sus metas fue promover la igualdad entre las ciudades-estado y eliminar el descontento social y revolucionario de la zona. Sus reformas morales se destacaban por refrenar la avaricia y el exceso de lujo que indudablemente creaban grandes desigualdades entre los ciudadanos. Es sabido que una vez ya en Crotona, pronunció un discurso sobre sus ideas filosóficas ante los mil miembros del Consejo.

Otros discursos suyos fueron posteriormente escuchados y muy bien recibidos, como el famoso discurso a los jóvenes del Gimnasio o bien el que pronunció ante un millar de ancianos. El común denominador de todos los discursos de Pitágoras (algunos por suerte documentados) era hacer comprender el concepto de 'Homonia' o la unión de los corazones y la unión de las mentes. Incluso recomendó al gobierno de Crotona la construcción de un Templo a las Musas, diosas de la Armonía. No debemos olvidar que estamos hablando de una época y de una sociedad politeísta.

Teniendo en cuenta el tono didáctico y reformador del sabio filósofo y matemático, en sus discursos hablaba sobre los vínculos entre padres e hijos, sobre los hermanos, sobre la amabilidad, el respeto y el amor, sobre la relación de los dioses con los hombres y sobre los 'Daimones' (semidioses o intermediarios entre los dioses y los hombres). Incluso habló sobre el cuidado del cuerpo, sobre ciertos alimentos y distintas propiedades de vegetales (laurel, roble, mirto...) así como disertó sobre la nobleza y la educación. Pitágoras decía que 'la educación es la reserva de la persona noble, que duraba hasta la muerte y la única cosa que distingue a los animales del hombre'. Con su espíritu reformista incluso consiguió persuadir a la clase gobernante para que dejasen a sus concubinas, en interés de la 'Homonia' y al culto de la unión de las mentes.

Así pues vemos a un Pitágoras no solamente como un reformador moral sino también como un místico revolucionario, que supo utilizar bien sus ideas en un contexto social y político. Era desde luego un griego nada corriente que pronto ganó miles de adeptos. No en vano muchos historiadores y antropólogos han considerado a Pitágoras como un predecesor de Jesús. Con el tiempo se organizó una sociedad de pitagóricos que en aquella época significó una gran escuela filosófica, pero a la vez aquella escuela pitagórica fue totalmente trascendente para el futuro de la Historia humana.

Para entrar en la materia de estudio que nos concierne mencionaré como elemento puente otro de sus famosos discursos llamado 'El discurso sagrado'. Este discurso estaba dedicado a los nativos italianos del Lacio, que inclusive fue distribuido en latín y por escrito (nada usual hace 2.500 años...). Como Pitágoras creía por encima de todo en la igualdad entre los hombres, decidió relacionarse con los italianos a través de este discurso (los italianos por aquel entonces eran considerados por los griegos como un pueblo bárbaro) del cual los romanos estuvieron posteriormente muy orgullosos; ellos también lo consideraban a él un griego muy poco corriente.

En 'el discurso sagrado' el pensamiento teológico radical de Pitágoras se hacía más evidente: trataba los diferentes dioses griegos antropomórficos, como 'poderes asociados a ciertos números'. Este escrito (de los pocos atribuidos a su propia mano) está lleno de datos interesantes de diversa índole; dejo a los estudiosos su lectura y aquí haré tan solo una síntesis del contenido filosófico pitagórico, en lo concerniente al valor cualitativo de los números.

11 · LA ENERGÍA DE LOS NÚMEROS

Indudablemente Pitágoras fue el responsable de los importantes avances que se hicieron en la ciencia de las matemáticas, mucho más allá de su famoso teorema sobre el cuadrado de la hipotenusa. Hay que recalcar y matizar la gran unión que vieron los pitagóricos entre las matemáticas y la espiritualidad. Para Pitágoras los números tenían un significado místico y una realidad independiente. Los 'fenómenos' eran secundarios; los fenómenos solo reflejaban el Número. El Número era responsable de la Armonía; era el principio divino que gobernaba la estructura del mundo, decía este sabio en sus discursos.

Pero los números no solo explicaban el mundo físico sino que también representaban, o dicho en sus propias palabras, los números 'eran' *cualidades* morales y otras abstracciones. Así por ejemplo el Cuatro era la Justicia, porque implicaba reciprocidad; el Cinco era el matrimonio, por la unión del Tres y del Dos, etc. Como posteriormente dijo Platón '*Los objetos de conocimiento geométrico son eternos, no sujetos a cambio o a desaparición. Los números tienden a elevar a las almas hacia la verdad, el equilibrio; forma mentes filosóficas llevando hacia arriba facultades que indebidamente dirigimos hacia tierra*' (República, 525D). O bien decían: '*la astronomía debe ser estudiada como una rama de las matemáticas en términos de números puros y figuras geométricas perfectas, perceptibles para la razón y pensables, pero no visibles a los ojos*' (República, 529 D).

Lo que considero relevante es que Pitágoras decía que *los números no son cantidades sino cualidades*. La síntesis de este antiguo paradigma es la siguiente: decían que el Tres era el primer número, porque consideraban que el Uno y el Dos eran los 'creadores del número' pero que ellos, en sí, no eran números. No obstante, haremos una síntesis de cada potencial numérico empezando por el principio, teniendo en cuenta no solo la antigüedad de esta visión, sino también la energía propia de cada número, sus principios activos y su despliegue geométrico.

El Uno, potencialmente es un número par e impar a la vez, por eso fue llamado hermafrodita o macho-hembra. El Uno es la fuente de los números impares y origen de todos los demás. El Uno es el origen del límite y la forma (o Eidos), que los griegos consideraban como un principio cósmico, puesto que, sin figura y sin forma, el cosmos sería un caos inarmónico y asimétrico de materia. Para Pitágoras el Uno se identificaba con Apolo, con quien decían que mantenía una relación muy estrecha; a veces lo comparaban con Zeus, padre de los dioses y creador del Cosmos.

El Uno no solo poseía cualidades hermafroditas (arseno-thelys) sino que era designado con otros nombres como 'la causa de la verdad', 'amigo' o 'nave'. También lo compararon a menudo con la palabra 'barrera' (bysplex), instrumento utilizado por los griegos para dar la salida en sus populares carreras de carros. Se aplicaba este ejemplo porque la carrera, al igual que el Cosmos, no es continua y recta, sino circular y cíclica. Los períodos cósmicos empiezan con el Uno (o barrera) el cual 'pone en marcha el proceso cósmico'. También asociaron a este ejemplo los ciclos de reencarnaciones, similares a los procesos del universo.

El nombre griego para el Uno o Mónada es 'monas', que deriva de 'permanecer'. Así el Uno es el símbolo de la permanencia en el Cosmos. Se identificó con el fuego central, el Sol, el hogar del universo. Sin embargo, para Pitágoras y sus primeros seguidores nuestro sol no era el centro del Cosmos sino 'una especie de cristal receptor que recogía la luz y el calor del fuego central o Uno'. Ese Uno o fuego central llegó a relacionarse con la mente (Nous) que se extendía por el universo y le daba orden.

Del Uno, decían, procede todo lo que es 'bueno' en el universo y es origen de los números impares. En el sistema de aritmética pitagórica 'los lados que rodean los números' (Gnomon) siempre forman cuadrados alrededor de los números impares (no ocurre lo mismo con los números pares); por esa razón el polígono cuadrado es símbolo de igualdad y regularidad. La Mónada, el primer potencial numérico, puede interpretarse en realidad como lo que hoy se llama 'energía libre', o la fuerza potencial de la Unidad antes de que se manifieste la dualidad. La fuerza primordial existente en cada ente.

Pero para poder explicar cómo se creó el Cosmos y el resto de números necesitaban un contrario para el Uno: la Díada, **el número Dos**. Para Pitágoras el Cosmos era la 'unión de los contrarios', una armonía de elementos finitos e infinitos. El Uno es el origen de lo finito, y se le denominaba 'amigo' porque Pitágoras definía al amigo como un 'alter ego' (con todas las connotaciones profundas, psicológicas y espirituales que implica esta definición). Es el número que da límite y equilibra todos los elementos y los hace amistosos y armoniosos entre sí para formar una Unidad. Tanto entre los pitagóricos como entre los platónicos, el Uno se convirtió en un poderoso símbolo místico o metafísico (es decir, más allá de la física) alrededor del cual se construyeron otros sistemas metafísicos.

Al número Dos, la Díada, la consideraban la creadora de lo infinito, inacabable. Era el origen de la desigualdad e irregularidad en el Cosmos; por tanto, el Dos, al que llamaban 'Kakos daimon', era el espíritu maligno. Lo que hoy llamaríamos dualidad o polaridad. Aquí es donde podemos ver la tónica de aquella época, en la que predominaba el espíritu de dualismo que Pitágoras había aprendido de Zaratas en Babilonia. El Cosmos se consideraba como una tensión entre las fuerzas del bien y del mal, comprometidas en una eterna lucha.

Aunque Pitágoras creía en ciertos dualismos, expresó el conflicto del Cosmos en términos de 'combate' entre lo finito y lo infinito, conceptos en parte más abstractos y menos personificados, pero muy pedagógicos y de fácil comprensión humana. Así pues, la Díada era asignada como el espíritu del mal, por su proximidad al Uno... que era su contrario en todos los sentidos. El número Dos se consideraba también el símbolo de todo aquello que es excesivo o defectuoso en el universo. Veamos ahora lo interesante de esta visión.

Este elemento maligno del Cosmos, que se resiste a la actividad del bien, se le denomina 'materia' o elemento femenino. Este acto original de la Díada, realizado para separarse del Uno, fue considerado un acto de temeridad e imprudencia; con ello el Dos creó el mundo material de tres dimensiones. Diremos de paso que los pitagóricos tenían como única tarea o finalidad personal, el eliminar de sí mismos todo lo material, purificarse, e incorporarse en la unidad primordial del Uno. El Dos era tan solo una *experiencia*, mientras que el Uno era la *realidad*.

Tenían una concepción de la formación del Cosmos como *la imposición del Límite a lo Ilimitado*, de forma análoga a la capacidad de impregnación de la materia masculina, o semilla portadora de la forma

(Uno, impar, límite) fecundando la materia femenina (Dos, par, ilimitado). Así creó Pitágoras una lista de contrarios, a mi entender muy interesante, por el gran paralelismo que parece tener con la teoría china del *Yin-Yang*, doctrina que aparece escrita algo después del pitagorismo, sobre el año 300 a. C., y debemos tener en cuenta también las limitaciones de las vías de comunicación de la época entre el Mediterráneo y la China. Esta lista de contrarios, según la versión original traducida, sería así:

límite•ilimitado

impar•par

uno•múltiple

derecho•izquierdo

masculino•femenino

estático•dinámico

recto•torcido

luz•oscuridad

bueno•malo

cuadrado•oblongo

Es interesante observar que hay diez términos contrarios, puesto que el Diez era el número perfecto para los pitagóricos, de lo cual hablaremos en los párrafos referentes a la Tetraktys. El Diez representa el límite del Cosmos, el límite de los números importantes, la Década, de la cual parten todos los demás entes numéricos.

El mundo de la materia está manifestado por **el número Tres**, que representaba una etapa más allá de la Díada original. Al ser el primer número verdadero (ya no las dos semillas o 'el principio'), el Tres estaba relacionado con la pluralidad y la multitud. Fue comparado a menudo con el 'alma cósmica' que se extendió por el universo para darle vida. El alma se comparó constantemente con un triángulo, especialmente con el 'triángulo zoogónico' que dio vida al cosmos y fue fundamento de los átomos cósmicos del fuego, del aire y del agua. El Tres fue usado por los griegos en fórmulas mágicas y conjuros diversos, por las grandes propiedades que poseía esta fuerza numérica.

El Dos era considerado 'la fórmula de la línea'. Luego, al ser el Triángulo la primera figura plana en geometría, los pitagóricos relacionaron el número Tres con 'el plano' y el proceso de formación del mundo en tres dimensiones; siendo luego el poder del Cuatro quien completó los sólidos geométricos y le añadió 'volumen' al plano. Así podemos ver que existen tres fases en el proceso de generación:

a/ La generación de los números a partir del Límite y de lo Ilimitado.

b/ La generación de las figuras geométricas a partir del Número.

c/ La generación de los objetos físicos y/o vivos, a partir de los Sólidos Geométricos, que a su vez han surgido del Número.

Lo que no sabemos del cierto es si los pitagóricos pensaban en este proceso como algo real en el tiempo, o si era una realidad conceptual lógica cosmogónica. Si así fuera, sería desde luego muy inspirada y digna de investigar científicamente.

La Tetraktys o **el número Cuatro** era el poder que completaba el proceso de cambio constante; el creador cósmico de los universos. Los objetos eran producidos por puntos, líneas, superficies y sólidos. Para los pitagóricos el Cuatro era sagrado y un número de gran importancia; lo consideraban doblemente sagrado porque el Cuatro era el número por el que hacían el juramento de su sociedad: 'Juro por aquel que ha transmitido a nuestra mente el Cuatro sagrado, raíz y origen de la naturaleza eterna en continuo fluir'.

Los pitagóricos representaban gráficamente este número de la tetraktys mediante la figura de puntos compuestos triangularmente (en la base cuatro puntos, encima tres, luego dos y en la cúspide un solo punto) figura conocida como Tetraktys, Pitagórica que entre ellos se convirtió en un verdadero símbolo sagrado. Las razones de la perfección del número Cuatro dentro de la Naturaleza se puede ver por la forma en que ellos creían que el Diez, o la Década, estaba escondido en su seno y estaba implícito en la suma de la serie numérica, que conducía hacia el Cuatro y que producía el Diez: $1 + 2 + 3 + 4 = 10$

Por supuesto que el Cuatro era considerado también una de las claves de la naturaleza; las raíces de toda existencia; los cuatro elementos fundamentales: Fuego, Aire, Agua y Tierra. La Tetraktys ocupa un lugar central en el pensamiento de los pitagóricos. Se convirtió en el símbolo del alma, comparándola a un cuadrado. Los cuatro primeros números fluyen en los cuerpos sólidos del mundo físico; cosas como las cuatro estaciones, los cuatro elementos, las cuatro edades del hombre.

También simboliza las cuatro partes o sucesiones observadas de las cosas que crecen: semilla (el 1), altura (el 2), profundidad (el 3) y espesor o solidez (el 4). Era considerado hasta tal punto una clave del mundo natural, que el Cuatro llegó a ser nombrado el número raíz (llamado Rhizomata) de toda la existencia. También en la Tetraktys musical griega, encontramos cuatro armónicos principales en la escala diatónica que para los pitagóricos estaban relacionados con la sustancia inmortal de los dioses. También se atribuye a Pitágoras (aunque más tarde Platón lo utilizó mucho en sus teorías psicológicas) la idea de que el alma está identificada con la Tetraktys porque está compuesta de 4 partes y son Cuatro las facultades psíquicas del hombre: *conocimiento, inteligencia, opinión y sensación.*

Haciendo un inciso, cabe observar el paralelismo existente entre los chakras o núcleos energéticos más elevados del hombre, correspondiendo el 7º Chakra al 'conocimiento', el 6º Chakra a la 'inteligencia y comprensión', el 5º Chakra a la 'opinión y comunicación'. Finalmente, en lo que Pitágoras denominó como 'sensación', yo englobaría la actividad de los cuatro chakras primarios. Es decir: la percepción de las cosas (1º chakra), las sensaciones que esas percepciones nos producen (2º chakra), las emociones que se originan a partir de las sensaciones (3º chakra) y los sentimientos o decisiones que tomamos al procesar dichas emociones (4º chakra).

Aunque en mi opinión este cuarto chakra o núcleo energético es distinto y hace el rol de visagra o articulación entre la vida instintiva y egoica, con la vida consciente y espiritual de cada individuo. Aunque esta última parte sea de mi cosecha, he creído interesante ampliar el concepto 'sensación' de Pitágoras, precisamente por las implicaciones psicológicas y terapéuticas de los núcleos energéticos que tal vez pueden resultar de interés a otros profesionales. Por lo que respecta a la esencia de los otros números, existe menos documentación (mucha menos) y ninguno de ellos, para los pitagóricos, tiene la enorme importancia de los cuatro primeros números, además del Diez.

Sucintamente diremos que **el Cinco** era considerado como un número de 'unión y de matrimonio' por contener la fuerza del primer par (el Dos) más la fuerza del primer impar (el Tres). Para Pitágoras era el número de las cinco formas atómicas, la pirámide (fuego), el cubo (tierra), el octaedro (aire), el icosaedro (agua) y el dodecaedro (Éter). Por otra parte, el Cinco es el primer número que incorpora el quinto elemento en nuestro medio, el Éter o Aither, sustancia etérica formadora, de connotaciones mucho más espirituales y eternas que terrenales. Hoy en día cuando se habla de 'substancia formadora' siempre vienen a la mente los campos mórficos.

El Seis fue importante porque fue considerado el primer número perfecto, que sumando 'los tres principios', Mónada, Díada y Alma (o Forma) proporciona la energía del Seis, es decir 1+2+3 = 6. Si queremos dividir el número Seis de cualquier manera, las partes que se quitan son iguales a las que se quedan.

Tanto el Cinco como el Seis se consideraban números circulares porque sus poderes siempre generan productos terminados en 5 o en 6. De ahí que el cubo de 5 es 125 y el cubo de 6 es 216. Así mismo, decían que el seis era un número muy místico porque representa los intervalos de tiempo entre cada encarnación. Para Filolao, uno de los pitagóricos más fieles al Maestro, el número Seis era crucial por representar los seis niveles de la naturaleza animada. El nivel más bajo de la vida era la germinación, los espermatozoides y las semillas.

El segundo nivel era la vida de las plantas. El tercer nivel corresponde a la vida no racional aún de los animales. El cuarto representaba el ser humano racional. El quinto nivel corresponde a la vida de los daimones, mediadores entre los dioses y el hombre (en otro contexto podría ser el reino angélico). El sexto y último nivel representaba la vida de los propios dioses (maestros y avatares, tal vez).

El Siete posee el poder natural de la 'oportunidad', decían, en el sentido de *evolución*. Lo consideraban así porque en la naturaleza los momentos de plenitud, los períodos de la vida respecto al nacimiento y la madurez, resultan ser *ciclos de siete*. El siete es un gran número de cambio y de transmutación, una energía de avance o de paso entre una etapa y la siguiente. Hace tan solo cien años, Rudolf Steiner desarrolló la Antroposofía en parte basada en esos **septenios** tan importantes y constatables de nuestra vida.

El Ocho era significativo debido a la armonía entre sus partes (el cubo de 2 es 8 y además 2+2+2+2 = 8). El poder del Ocho está pues en su Armonía; lo denominaron así en nombre de la esposa de Kadmos, descendiente de los fenicios (como el propio Pitágoras). Según los antiguos egipcios existen ocho dioses importantes, ocho fuerzas de ayuda, ocho energías (como también se nos explica en el feng shui que procede de China). Por su gran armonía, el Ocho se convirtió en símbolo de expansión, de amistad y fue llamado también Eros.

El Nueve es el límite de los números; se le llamó *Prometeo* por su fortaleza; el Nueve era lo suficientemente poderoso como para controlar los otros números, por ser precisamente el mayor de la década y el punto de partida antes de comenzar de nuevo la serie numérica. Era también símbolo de justicia porque su raíz cuadrada es el Tres. En realidad, no hay muchos documentos sobre la singularidad de este número, o yo no los supe encontrar en la época que escribí este libro.

El número Diez, y la importancia que concedieron a la Década, se debía a que los diez primeros números 'son la unidad básica para contar' que, una vez conseguida, se puede repetir ad infinitum. El diez es el número perfecto para repetir el proceso porque está cerca del origen de los números, la Mónada. El Diez es el símbolo del límite y la forma, que interrumpe la continuidad del infinito y permite al hombre contar.

En la época de Pitágoras, todos los números fueron identificados con los dioses porque los números son las creaciones más abstractas e inmateriales de la mente humana, y era lo más cercano a la inmaterialidad de los dioses. Para Pitágoras, el Diez es la suma de las unidades divinas que mantienen unido al Cosmos. Por eso lo llamó 'el todo perfecto' (Panteleia).

En realidad, Pitágoras relacionó los números con los dioses porque vivió en una época politeísta pero de su propia doctrina se deduce, en innumerables ocasiones y textos, que 'el número no fue una creación de la mente humana, sino algo que existe por sí mismo'. Decía el sabio que *el Diez es perfecto, al igual que los otros números, porque es un 'ser viviente' que revela sus maravillosas propiedades al hombre.*

Respecto a la generación de las figuras geométricas a partir de los números, Pitágoras describe la totalidad del proceso de la génesis diciendo que la Mónada (Uno), combinándola con lo Ilimitado (Dos), genera todos los números. De los números surgen los puntos; de los puntos, se crean las líneas. De las líneas surgen las figuras planas. Las figuras planas son las que generan los sólidos volumétricos; y finalmente, de las figuras sólidas se forman los cuerpos sensibles.

Debemos recordar que entonces había una costumbre primitiva que perduró hasta la creación de las matemáticas griegas. La costumbre era de representar los números de forma visual, por hileras de puntos, dispuestos en dibujos ordenados. Eso fue lo que dio a su Aritmética un sabor geométrico relacionando íntimamente las dos disciplinas (hoy, ya no es así y las dos materias las vemos en la escuela por separado). En definitiva, lo que ellos predicaban era que *la base de la naturaleza es numérica*.

12 · LA SOCIEDAD PITAGÓRICA

Para completar de una forma justa esta pequeña síntesis sobre este gran personaje, Pitágoras de Samos y su inaudita obra, me gustaría comentar otras cosas, a mi parecer muy importantes. Una de ellas es sobre el gran descubrimiento científico y espiritual que Pitágoras hizo en el campo de la Música. La cosmovisón de los pitagóricos incluye también su conocida y extraordinaria teoría de las 'Armonía de las Esferas' que tiene un gran influjo de las leyes matemáticas, las cuales están en íntima relación con la música.

Por otro lado, quiero resaltar que Pitágoras enseñaba algo a mi parecer trascendente y que además nos puede aclarar algo importante respecto al trabajo terapéutico con filtros o sustratos geométricos. El Maestro de Samos decía que 'las cosas existentes deben su ser a la imitación o 'Mimesis' de los números del Cosmos'. Mimos, que en griego es 'actor', significa tanto imitación como representación. Pero sabemos que un buen actor no es el que hace solamente una buena representación de su papel, sino que se mete profundamente en él, o como decían los propios griegos, el papel o *el personaje es realmente lo que se mete dentro del actor y utiliza sus gestos.*

Más tarde Aristóteles igualó la 'mimesis' pitagórica con la noción de que la materia 'participa' de las ideas o conceptos (los números, los polígonos...). Platón quizás lo describe mejor, denominando la mimesis como imitación o patrón de los 'modelos' cósmicos o del mundo sensible. Sea imitación, sea modelo o patrón, así como el hecho de que las formas geométricas sean arquetipos de los números, significa que cada una de las formas o polígonos básicos son representaciones o patrones de una realidad cósmica, trascendente y eterna.

Cada polígono geométrico es un patrón natural de relaciones armónicas, una representación abstracta y gráfica de todo lo que nos rodea, de todas las múltiples y diversas formas que nos rodean. Los soportes geométricos vistos como *principios activos* en medicina, toman así su sentido de ser y tiene sentido su utilización como agentes de equilibrio y evolución para nuestra pequeña realidad vital. La experiencia obtenida durante tres décadas con la Geocromoterapia, nos dice que cada filtro trabaja bajo esta ley de 'mimesis' y recoge los poderes de salud, belleza, armonía, bondad, paz, prosperidad, perfección, espiritualidad y todas las realidades perfectas, y también dinámicas, del macrocosmos, trasladándolas al pequeño mundo de los hombres.

Otro aspecto que he omitido a conciencia con una finalidad pedagógica, es todo lo referente a la compleja organización de la *sociedad pitagórica*. Hay mucho que decir sobre esta susodicha 'secta' (palabra hoy en día muy desvirtuada) que llegó a organizarse alrededor de las doctrinas del maestro Pitágoras. Antropológicamente, este sería un tema de estudio que requeriría un análisis aparte para luego articularlo al contexto filosófico, místico, psicológico y médico. Sin embargo, algo diremos. Una de las cosas interesantes sobre aquella organización era la *ley del silencio* o el secretismo existente entre los miembros de la comunidad. Este carácter secreto de los descubrimientos matemáticos y geométricos de los pitagóricos ha constituido una enorme dificultad para todos los historiadores.

Jámblico, quizá el más importante de ellos, nos dice que Pitágoras obligaba a los aspirantes a la sociedad a guardar cinco años de silencio absoluto como parte de su noviciado. Además de las normas de comportamiento al entrar en la sociedad, existía también un profundo secretismo respecto a cada una de las ideas filosóficas y matemáticas, por tratarse de una verdadera escuela iniciática que protegía su legado espiritual de la barbarie generalizada, propia de entonces. Esta fue una norma tan importante que incluso se han encontrado varios comentarios de diferentes historiadores que lo confirman. Por ejemplo, se dice que Hípaso fue castigado por 'revelar al mundo un secreto de geometría'. Sin embargo, hay que destacar que se guardaban más celosamente los 'secretos matemáticos' que cualquier otra doctrina sobre el alma o los dioses.

Un dato realmente interesante es que en aquella época existían dos tipos de pitagóricos, los 'acusmatici' y los 'matematici'. Para los acusmatici la filosofía consistía en sentencias orales y consejos sobre modos de vida. Eran los más devotos, en el sentido religioso, los que habían 'escuchado' preceptos resumidos sin explicación y los habían simplemente asumido.

A los otros se les llamaba mathematichi y eran las personas que los pitagóricos habían adiestrado personalmente en las partes más profundas y elaboradas de su sabiduría, los iniciados avanzados.

De todas maneras, estas dos facetas del aprendizaje nunca pudieron ser separadas por completo. En cualquiera de los casos, para poder formar parte de una comunidad de pitagóricos (se dice que llegaron a haber muchas de esas comunidades esparcidas por el Mediterráneo) el adepto debía pasar por un ritual iniciático. La ' iniciación' no solo era una parte esencial, sino que estas ceremonias tenían que renovarse periódicamente.

En 1917, al derrumbarse parte de la vía férrea de Roma a Nápoles, muy cerca de la Puerta Mayor, se reveló la existencia de una cripta subterránea, muy rica en ornamentos y simbología, que había pertenecido a una sociedad pitagórica. Se dice que Pitágoras, además de la casa de reunión en Samos (su isla natal), había habilitado esta gruta subterránea italiana como antro de reunión e iniciación, conocida como Casa de Philsophía.

Hay que recordar también que fue precisamente Pitágoras quién introdujo un nuevo significado a la palabra 'Philosophos' (y así se denominaba a él mismo) cuyo significado era para él 'amante de la sabiduría'. Antes, la palabra filosofía significaba 'curiosidad'. Para el Maestro de Samos, Philosophía era sobre todo 'purificación' y también era 'usar la razón y la observación para obtener el conocimiento' siendo ésta la manera de escapar del ciclo de sufrimiento. También fue el primero en aplicar al concepto *mundo* el término de 'Kosmos', como un sinónimo de orden, de perfección y de belleza.

Las comunidades pitagóricas fueron surgiendo aquí y allá en Italia, en Grecia y en otras tierras. El legado de Pitágoras fue creciendo en cantidad (comunidades) y en calidad, puesto que se desarrollaron otras investigaciones en matemáticas, astronomía, cosmología, filosofía, etc. partiendo de las enseñanzas de Pitágoras. Sobre el año 50 de nuestra era cristiana, un senador mandó desterrar de Italia a todos los matemáticos, es decir a magos y a neopitagóricos, los cuales se habían multiplicado en Roma, especialmente en los últimos cien años. Incluso durante la época del emperador Claudio, se mandó sepultar *el lugar de reunión o templo de una secta misteriosa*, según las fuentes. Aunque no sean de mi agrado los finales tristes, debo decir que son varios los historiadores que coinciden en documentar que Pitágoras, al final de su vida y de su exilio, se retiró al Templo de las Musas, donde parece que *murió de inanición*.

Solamente me queda decir, con gran sorpresa y admiración, que este gran maestro de la Antigüedad nació y vivió en aquel fructífero y esplendido siglo VI antes de Cristo, *el mismo siglo* en el que vivieron ni más ni menos que Zoroastro, El Buda Gautama, Confucio y también Lao Tsé, siendo considerados todos ellos como 'daimones', verdaderos intermediarios entre el Cielo y la Tierra.

13 · ACOPLAMIENTO DE CAMPOS ENERGÉTICOS

Seguiremos explorando la naturaleza energética de todas esas fuerzas de la propia naturaleza que nos rodea (entre ellas la de las formas, patrones y campos morfogénicos) desde el punto de vista de la ciencia, en especial de la física, y también desde la perspectiva de las artes plásticas (vinculando en cierta manera estos dos campos al de la espiritualidad) campos en los que la geometría, hilo conductor de este libro, está bien emparentada. No obstante, antes de revisar lo que han dicho muchos estudiosos del tema, me gustaría comentar algo sobre una idea (y una imagen) que hace muchos años me ronda por la cabeza y que, como veremos en los próximos capítulos, parece estar en relación directa con todas las visiones sobre la energía, la sintonía y el acoplamiento de campos.

Mi idea quizá no sea nada racional sino intuitiva, sin embargo, me persigue, se repite con el tiempo y llega a ser como una imagen abstracta pero que la puedo constatar a diario en mi consultorio, incluso en mis relaciones personales. Se trata del fenómeno de la complementariedad o encajamiento de patrones y de modelos de comportamiento. Es un concepto que lo he llamado de la *llave y la cerradura*, del molde y el cuenco, o bien del tornillo y la tuerca. Se trata de algo relacionado con la *geometría vista como un agente catalizador*.

Revisemos el concepto de complementariedad energética, y quizá de un encajamiento geométrico. Tal vez sea un acoplamiento de campos diseñados, o de campos mórficos (como veremos en otro capítulo). Es como un foco o una predisposición humana selectiva pero involuntaria, es sobre algo que *encaja* perfectamente con lo que uno se enfoca. Mi búsqueda tal vez sea la *posible existencia de una matriz* de energía universal, aunque lo que voy a exponer ahora tal vez sea solo una simple aproximación.

La enorme importancia que la geometría puede tener en nuestras vidas es algo tan simple como el hecho de que la geometría exacta, esos patrones geométricos como matrices primordiales del resto de formas, podrían ser el mecanismo mediador que nos puede hacer 'encajar' una enfermedad determinada, por ejemplo, o una experiencia concreta. El patrón geométrico sería su elemento *catalizador*.

No me resulta fácil explicarlo, puesto que es precisamente mi parte intuitiva, mi hemisferio derecho, el que elabora aún hoy esta teoría. Se trataría de una *'predisposición a...'* Pero probablemente no pertenezca a nuestro mundo psicológico, ni consciente ni inconsciente. Tampoco es un asunto de acoplamiento de ondas cerebrales ya que se trata de fenómenos involuntarios. Y posiblemente tampoco se trata del 'principio de resonancia mórfica' de Rupert Sheldrake, aunque es muy cercano.

A veces, un simple ejemplo nos puede ilustrar más que mil palabras. Empecemos por imaginar un tornillo con un diámetro, una longitud y una curva espiral determinada. Este tornillo debe encajar en una tuerca y esta tuerca tiene un diámetro y una espiral exactamente igual al tornillo que debe recibir. Ahora supongamos que nosotros somos la tuerca y que el tornillo es una enfermedad, por ejemplo.

La enfermedad solo penetrará y se instalará dentro de ti, solamente si 'tu tuerca' tiene exactamente las mismas dimensiones de lo que tiene que penetrar. Si el tornillo o la enfermedad, se acerca a ti (por decirlo de alguna manera) y el espacio interior de tu tuerca es demasiado ancho, la enfermedad pasará de largo; no encajará. Si tu tuerca es demasiado pequeña, el tornillo o la enfermedad en cuestión no entrará; no conseguirá penetrar y actuar. Esto puede ocurrir en otros campos y experiencias de la vida, no solo en las enfermedades. Aquí quiero aclarar que no me estoy refiriendo tampoco al concepto de 'sintonía de ondas'. Es algo más...

Otro buen ejemplo es la llave y la cerradura. En este caso la llave puede ser un cáncer, una diabetes, un síndrome de inmunodeficiencia o una gripe, da lo mismo. Solo podrá entrar, encajar y abrir, dentro de la cerradura que tenga exactamente las mismas hendiduras que aquella llave, y no otra.

Desde muy pequeña siempre me he preguntado porqué los médicos y enfermeras que trabajan durante mucho tiempo en las zonas de pestes, infecciones y grandes enfermedades infecciosas, casi nunca cogían ninguna de ellas. Esta ha sido siempre para mí una de las mayores incógnitas que han estado presentes en mi mente durante medio siglo.

Aquellos médicos, pienso ahora, no respondían al mismo patrón. No encajaban, dentro de sí mismos, el patrón energético de la enfermedad a la que estaban enormemente expuestos. La llave no coincidía en su cerrojo. Su matriz energética o mórfica era distinta.

¿Había una predisposición psicológica a no contagiarse? ¿Era una simple cuestión higiénica? Eso seguro que no era así, porque me estoy refiriendo a etapas de la Historia en las que apenas se conocía la necesidad de esterilizar el material quirúrgico ni nada parecido. ¿Tenían todos y cada uno de los médicos e enfermeras un sistema inmunológico a prueba de bomba, o lo tenían diferente del resto de mortales? Estas reflexiones no tan solo son respecto al pasado, sino que son aplicables a nuestro mismo presente. Incluso con todos los avances tecnológicos y médicos, los mecanismos de transmisión hoy siguen dándose igualmente.

¿De qué tipo de predisposición se trataría? Lo que está claro es que no depende de la pequeña voluntad humana. Generalmente nadie 'quiere tener' un cáncer, o un AIDS, o una simple hepatitis, a menos que le 'interese' tener aquella enfermedad para 'conseguir' algo de los demás. En general es una predisposición automática e involuntaria. Sin embargo, sigo creyendo, en mi empecinada intuición, que 'algo' encaja a la perfección cuando una enfermedad se acopla a ti, cuando tu propio molde recibe en su totalidad la forma de la materia actuante, ¿o tal vez aquel virus no esté formado tan solo de 'materia'? Pero, si un virus no es del todo material, sí que es actuante, puesto que nuestro cuerpo realmente enferma.

O sea, el fenómeno de la llave y la cerradura contiene un principio activo. Cuando una llave encaja hoy en tu cerradura (un cerrojo diseñado y elaborado paso a paso) y llega a abrir una puerta determinada, entonces se desencadena algo diferente. Y una vez abierta la primera puerta, la llave puede abrir otra y otra y otra; siempre abre puertas con la misma cerradura. Y la enfermedad se extiende por tu organismo: metástasis, recidivas, etc.

Para intentar comprender este fenómeno de acoplamiento perfecto, para llegar a entender yo misma este extraño mecanismo, mi intuición, apoyada y complementada por mi mente pensante, racional y exploradora, indagó un poco en los principios de la bioquímica. De hecho, encontré varios substratos en el cuerpo humano biológico sobre los que tomar referencias al respecto: *la insulina y los anticuerpos.*

Para resumir el primer fenómeno de acoplamiento o encaje, diremos que la *insulina* viaja por la sangre junto a la glucosa, y las dos son vertidas al espacio interior de las células. En la membrana de las células tenemos unos maravillosos 'receptores específicos' para la glucosa, y otros receptores específicos 'diferentes' para la insulina. Cada uno de estos receptores busca el que le corresponde, para transformarlo o para anularlo.

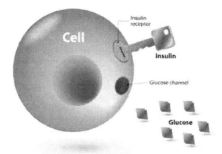

Si por cualquier deficiencia en nuestro organismo se genera un tipo de insulina diferente (por ejemplo: Ix), entonces el receptor normal de la insulina 'no lo reconoce'. No tiene el patrón adecuado. Es como si esta insulina 'falsa' no supiera la contraseña exacta. Es decir: no tiene la misma hendidura de la llave, a pesar de ser igualmente insulina. Así se genera la diabetes y se establece la enfermedad en el cuerpo; el páncreas funciona, pero con resultados diabéticos. Y estamos enfermos; en según qué casos estamos enfermos para siempre: la llave abre una y otra vez los mismos cerrojos que alguna parte de tu ser ha elaborado.

Ocurre el mismo fenómeno con el sofisticado sistema inmunitario del hombre. Los anticuerpos tienen diferentes terminaciones geométricas que 'reconocerán' y encajarán con el antígeno correspondiente. Los diferentes anticuerpos se unirán a los diferentes antígenos (y cada uno de aquellos es específico para un antígeno determinado). Así, un antígeno particular induce, específicamente, la producción de los anticuerpos que pueden unirse a él. Cada anticuerpo 'se acopla' con una parte específica del antígeno, y no otra, de la misma manera como una llave encaja 'solo' en su cerradura y no en otra.

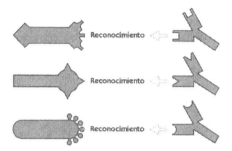

En los mecanismos bioquímicos de la herencia ocurre algo parecido. En nuestro ADN se encuentran las bases sobre las que se unirán otras bases que llevan el mismo tipo de información. Siempre, en las ilustraciones de bioquímica sobre el ADN, se nos muestra una especie de enchufes, unos terminales, con una determinada 'forma geométrica' que deben encajar con otras terminales de estas mismas características y formas complementarias, para que se produzca la transmisión de la información de padres a hijos, de célula a célula, de especie a especie.

Es tan solo otro ejemplo más en la sabia naturaleza de ese extraño fenómeno de complementariedad y de perfección mórfica, dejando de lado la maravillosa geometría y proporción matemática que posee la propia espiral del ADN de cada célula. Siempre se trata de lo mismo: matriz, acoplamiento y objeto. Tornillo, acoplamiento y tuerca. Llave, acoplamiento y cerradura.

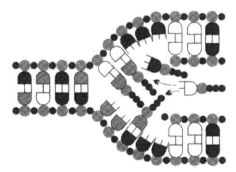

Unión y acoplamiento de las bases del ADN

La geometría y todas las proporciones implícitas en ella... no puede ser una exclusiva de la naturaleza biológica. *Como es arriba, es abajo*, dice una de las leyes de Hermes Trismegisto. Si los patrones geométricos de funcionamiento armónico están en la misma base del microcosmos, también deben estarlo en el funcionamiento del macrocosmos. Los campos estructurales de los que estamos hablando no son solamente atmosféricos o ambientales, están también en nuestro micro mundo celular.

Si la geometría al parecer es inteligente y creativa, si es inherente a las moléculas de la materia, también debe serlo a los campos energéticos o invisibles, a nuestra psique, a nuestra alma. Si están en el mismo fundamento de nuestras células, también lo están en nuestro complejo funcionamiento mental, emocional, sensitivo y en nuestra propia constitución espiritual.

Cuando alguien me explica que su madre, su abuelo y su hermano, por ejemplo, murieron de cáncer y mi cliente dice... *'por tanto, yo tengo una clara predisposición hereditaria para coger esta enfermedad, así es que no podré evitarlo y debo prepararme para morir joven o para sufrir...'*, cuando escucho eso, yo siento que esta persona exactamente está elaborando su molde para encajar a la perfección el patrón de la enfermedad (más allá de la genética). Esta persona está limando y puliendo las hendiduras geométricamente perfectas, para que su cerradura reciba la llave específica del cáncer.

Ocurre lo mismo cuando alguien con una infección cualquiera, le explica a otra persona de forma pormenorizada y exhaustiva los síntomas y las consecuencias de aquella enfermedad temporal que ahora sufre. La persona que lo escucha se identifica mucho con el enfermo o con su dolencia, y entonces empieza a experimentar un miedo atroz a coger lo mismo, incluso empieza a tener alguno de aquellos síntomas. Este estado psicológico de 'miedo' a coger la infección, por ejemplo, ese miedo... es precisamente el estado emocional perfecto de acoplamiento, el proceso de elaboración de la matriz idónea y exacta para que reciba el virus en cuestión. Con el miedo, la persona perfecciona su molde, su tuerca, la cerradura de su puerta, una puerta que será abierta fácilmente por la llave complementaria.

Sin embargo, la observación nos dice que la Vida es por naturaleza expansiva y perfectiva, a pesar de la entropía. Los procesos de la vida nunca son restrictivos; no son procesos de constricción, sino que siempre son de expansión y de evolución. Si alguno de los procesos que vivimos son restrictivos, son precisamente los que proceden de nuestros propios hábitos. La involución, o la contracción generada por cualquier cosa que nos ocurre, parece ser de tipo psicológico; proviene de nuestra mente o nuestras creencias, pero no de la propia vida y de la naturaleza evolutiva.

Por esa misma razón, el proceso de acoplamiento 'llave-cerradura' nos puede hacer encajar también con patrones expansivos, positivos y saludables. Tal vez debiéramos hacer una distinción entre el Ser y la Personalidad. Nuestras cerraduras encajan en ciertas llaves 'dolorosas' o de sufrimiento, cuando estos acoplamientos son originados por la personalidad, por el proceso humano de aprendizaje y por ciertos hábitos miméticos, culturales o sociales del individuo.

Pero cuando el acoplamiento llave-cerradura proviene del Ser genuino, de nuestra parte eterna y espiritual, entonces es cuando el resultado es evolutivo; es cuando la puerta que abre aquella llave nos conduce a una experiencia expansiva, es decir, no nos conduce a nada restrictivo ni involutivo sino saludable y placentero. Cuando el enfoque o intención provienen de nuestro verdadero Ser es cuando, de pronto, comprendemos algo sin explicaciones y soltamos un: ¡ajá! ¡Eso es! La llave encajó a la perfección y algo se abrió y se expandió. Dicho de otra manera, cuando es el espíritu quien actúa y el que dirige nuestros procesos, entonces todo fluye. La salud es, en definitiva, un estado de expansión de la conciencia. Algún patrón energético se acopla geométrica y perfectamente a nuestro Ser haciéndolo acertar, crecer, expandirse y sublimarse o trascender los límites aparentes de la materia.

Tal vez mi intuición sobre este tema del acoplamiento deba archivarse por ser demasiado abstracta o por ser solo una idea intuitiva, desde luego incompleta. Sin embargo, me abro al estudio de ese fenómeno e invito a los profesionales especializados, sean médicos, bioquímicos, físicos, metafísicos, místicos o psicólogos, a investigar a fondo sobre todo ello, en especial sobre el acoplamiento de campos diseñados, con el fin de contribuir a nuestro verdadero desarrollo. Desde la desnudez de mi intuición me permito hacer esta invitación porque ese paradigma me parece hoy en día un concepto clave a desarrollar, sin embargo, debería tratarse de una investigación grupal y sobre todo inter-disciplinar, no ortodoxamente científica, sino un estudio de miras amplias... propio de los tiempos que ahora corren y de las necesidades reales de nuestra búsqueda de conocimiento.

14 · EL VIAJE DE LA CIENCIA Y LA GEOMETRÍA

La Historia, ya sea vista desde la visión del arte, de la economía, de la cultura o de la ciencia, siempre nos ayuda a entender muchas cosas, pero sobre todo nos ayuda a comprender el propio espíritu del Ser Humano, especialmente en lo que se refiere a su búsqueda interior, una inacabable búsqueda y exploración que siempre está teñida por su propia época y por las 'circunstancias' sociales, culturales y anímicas que la determinaron.

El hombre de ciencia actual se hace hoy muchas preguntas respecto a esa gran Fuerza primigenia que lo une todo y lo define; ese motor que existe detrás de todo lo investigado, somos muchos los que pensamos que está más cerca del Espíritu que de todo lo analizado hasta ahora. El científico actual ha llegado a realizar incluso el sorprendente descubrimiento del 'espacio multidimensional', así como algunas de las razones geométricas y matemáticas que determinan esa red o tejido de la creación (aunque ese campo de trabajo sea más minoritario).

No obstante, en el apasionante mundo de la ciencia y en especial de la física, se dieron importantes pasos precedentes y descubrimientos en verdad claves, antes de que en el siglo XIX el matemático Georg Bernhard Riemann afirmara por primera vez que... la naturaleza encuentra su propio ámbito natural en la geometría del espacio multi-dimensional. Vamos a revisar de la forma más amena y sintética posible esos pasos previos, hasta llegar a Riemann, Kaluza, Klein, Einstein y a la visión más actual de la ciencia, de la que ya hemos avanzado uno de los trabajos más vanguardistas, el de Rupert Sheldrake.

En los años 1665 y 1666 una importante peste flageló toda Inglaterra, haciendo sus peores daños en la pequeña ciudad de Cambridge. Durante ese período, y gracias al acontecimiento de esta masacre infecciosa, Isaac Newton se retiró apaciblemente durante dos años en Woolsthorpe, su hogar materno. Estos difíciles años del siglo XVII, desde luego legendarios para la ciencia, han llegado a ser calificados por los historiadores como de 'Anni Mirabile' debido a la cantidad de ideas científicas que Newton llegó a concebir durante dicho retiro de ochocientos días. Uno de los logros que consiguió el gran pensador fue la concepción básica y el desarrollo de la Teoría de la Gravedad. Más adelante veremos que sus investigaciones sobre la naturaleza de la luz también fueron claves para el desarrollo tecnológico del futuro, nuestro presente.

Todos los objetos materiales se atraen, dijo el sabio observador. Contemplando la famosa caída de la manzana desde su jardín, Newton vio en ese 'movimiento' un paralelismo con una supuesta caída similar de la Luna sobre la Tierra. Pensó que, si además de caer, la Luna al mismo tiempo se desplazaba lateralmente, en lugar de estrellarse contra nuestro planeta podría ir manteniéndose más o menos equidistante. Ante esta inspirada suposición, Newton se dispuso a calcular exhaustivamente los efectos de dichas fuerzas del movimiento, una energía hasta entonces inexplorada.

Veinte años más tarde, sus análisis fueron expuestos en sus famosos textos 'Principia', ante los ojos atónitos de sus colegas de Cambridge. En aquel preciso momento del siglo XVII un nuevo modo de pensar y de ver la realidad se instauró por primera vez en Occidente, hasta el punto de cambiar el curso de la humanidad entera.

La Tierra es una masa (o sea... 'materia') extremadamente enorme... pero al mismo tiempo es una suma infinita de masas. Todo lo que existe en ella, incluida la Tierra misma, atrae a la Luna y atrae los objetos más cercanos o más lejanos debido a la gravedad; los atrae de forma idéntica, porque cada átomo de la Tierra tiene su propia relación gravitatoria con cada uno de los objetos (la luna, una manzana, cualquier piedra, una neurona...). Todos los átomos y partículas de una molécula crean un campo de fuerza y se atraen entre sí. Esta fue la hipótesis y la teoría básica de Isaac Newton. La materia se mantiene en cohesión gracias a esa atracción magnética. Los átomos no son aglomeraciones de materia sino centros de fuerza; por lo tanto, esa fuerza tiene un campo de acción. Eso nos lleva por primera vez en la Historia al extraordinario concepto de 'campo', cuya acuñación e idea surgió de la mente de otro gran científico posterior, Faraday, una persona tal vez más experimental que teórica que vivió e investigó a principios de siglo XIX.

Michael Faraday, hijo de herrero, justo cuando acababa de aprender a leer, escribir y a conocer tal solo algunas nociones de aritmética, dejó de ir a la escuela. Aunque su familia era realmente muy pobre en bienes materiales, llevaba una rica vida religiosa; los valores humanos adquiridos en el seno familiar resultaron ser una formación profunda y duradera que influenciaron en la psicología del joven Faraday para el resto de su vida. Sus sentimientos respecto a Dios y a la Naturaleza, su propia escala de valores y, en fin, su propia filosofía de vida y de investigación científica, crearon un personaje carismático e interesante. Michael Faraday era un alma sencilla y humilde que investigó desde una visión nada encadenada a la visión materialista de su época, ni se ató jamás a las modas y concepciones de los científicos de entonces. Tanto su carácter como su educación y quizá un don especial o los valores inherentes de su alma, formaron un tipo de personalidad verdaderamente crucial para la humanidad y para la investigación sobre la naturaleza de la luz y de los campos electromagnéticos.

Trabajó como aprendiz de encuadernador desde niño (tenía trece años) y desde luego su educación en aquella tienda-taller fue mucho más allá del oficio artesano, puesto que consagraba todas sus horas libres a la lectura de la multitud de libros que caían en sus manos para encuadernarlos. Gracias al consentimiento del librero, su jefe, Faraday empezó a documentarse hasta tal punto que a los diecinueve años pudo ingresar en la Sociedad Filosófico-Científica de la ciudad. De esta manera dispuso de una rica biblioteca y también de un equipo de científicos, así como de la oportunidad de escuchar las conferencias semanales de los grandes hombres de ciencia de la época, lo cual formó su propia base de estudio y de formación científica. Algunos años más tarde, por una 'casualidad' de la vida, Faraday trabajó como sustituto del ayudante de uno de los químicos más eminentes de Inglaterra.

Debido a su gran habilidad y a su peculiar forma de razonar e investigar, Michael Faraday destacó de inmediato. Empezó a publicar modestos escritos sobre química. Pronto se interesó e investigó sobre la naturaleza de la luz y del sonido. Dada su convicción religiosa, Faraday creía firmemente en la 'unidad de la naturaleza' y en la idea de que, lo aparentemente desigual, era en realidad lo mismo. Más allá de la dualidad, él sabía ver la unidad en el todo. Con esta convicción Faraday siguió tenazmente su intuición, investigó y profundizó sobre el desconocido concepto de 'vibración' y se permitió vincular entre sí, no sólo el sonido y la luz, sino también los efectos eléctricos y magnéticos. Emprendió su profunda investigación con la clara intención de buscar algún tipo de 'onda' eléctrica, aunque fuera invisible. El descubrimiento de dicho efecto se conoce hoy como 'inducción electromagnética'. Y el impacto de su descubrimiento fue rotundo, tanto desde el punto de vista práctico como teórico. Hoy en día existen millones de máquinas, artefactos, electrodomésticos y múltiples aparatos con transformadores en su interior, y todos ellos deben su nacimiento al gran trabajo de Faraday a principios del 1800.

En su incansable empeño de comprender lo que parecía un efecto puramente eléctrico, vio que este efecto aparecía 'de dos maneras' simultáneamente. Para su experimento Faraday sujetó dos cables en torno a una especie de rosquilla de hierro. Conectó uno de ellos a un medidor sensible y el otro a una batería con interruptor. En cuanto había un 'cambio' en la corriente de un circuito, se inducía un cambio análogo en el otro circuito; es decir, cuando se activaba o desactivaba una circulación eléctrica en un cable, en el mismo momento se producía una modificación en el segundo cable ¡el cual no estaba conectado al primero!

Para comprender la inducción electromagnética, Faraday explicó que *una onda de electricidad es causada por cambios súbitos en la corriente del circuito primario; esa onda 'viaja por el espacio' e induce una perturbación similar en el cable secundario'*. Si en lugar de esos dos pequeños cables independientes, atados a la rosquilla de hierro, se activa una potente fuente eléctrica, el flujo de corriente se propaga por el espacio y puede apresarse en una red de circuito situada a gran distancia, lo cual hoy en día nos proporciona también los fundamentos de las sondas espaciales de comunicación entre satélites y planetas.

Sin embargo, él mismo se preguntaba ¿qué era esa onda eléctrica que conecta circuitos distantes sin que exista una conexión material? Tardó casi treinta años en responder esa gran pregunta. En un nuevo experimento, Michael Faraday reemplazó uno de los cables por un imán; es decir, en el lugar del circuito eléctrico conectado a la batería, puso un imán y descubrió que, al conectar y desconectar un imán y un cable, se creaba un flujo de corriente. Al mover el imán y el cable, surgía o 'se generaba' electricidad. La trascendencia de este descubrimiento fue enorme. Era desde luego un gran descubrimiento. La producción de energía eléctrica no solo ha sido inmensamente útil para su aplicación en el ámbito de la industria (y sus enormes consecuencias socioeconómicas) sino que desde el punto de vista teórico y físico, incluso Albert Einstein utilizó en parte aquel arquetipo de Faraday cuando ideó la Teoría de la Relatividad a primeros del siglo veinte.

En sus primeros informes Faraday ya empleó el término 'líneas de fuerza magnética' y justamente esa fue la idea central de sus investigaciones durante años. Si esparcimos limaduras de hierro en torno a un imán, se forman ciertas figuras o formas geométricas. Su imaginación y sus calibrados razonamientos lo llevaron a concebir un universo cruzado o hilvanado por infinidad de líneas de fuerza. Eso, en una época en que el espacio estaba considerado vacío o 'lleno de éter', sin que nadie supiera lo que era exactamente ese Éter, la idea de los campos de fuerza parecía descabellada. Al principio el propio Faraday consideraba que estas líneas de fuerza (lo que hoy se denominan 'campos') eran tan solo una ficción útil para entendernos, pero cuanto más pensaba en ellas, más reales las encontraba.

Finalmente, los resultados de sus investigaciones en la inducción electromagnética lo convencieron de que existían las ondas eléctricas, o sea, las vibraciones, aunque invisibles, de dichas líneas de fuerza. El paso revolucionario fue sugerir que las vibraciones, que fueron llamadas 'luz' por Fresnel y otros científicos, no eran vibraciones en el éter sino movimientos de las líneas de fuerza, es decir: oscilaciones. Dicho de otra manera, para Faraday esas vibraciones u oscilaciones eran esenciales para la existencia, pero el susodicho éter no lo era.

Pensar en algo tan insustancial como las líneas de fuerza resultaba absurdo para la mentalidad materialista de aquella época, pero en aquel nuevo y revolucionario concepto se encontraban precisamente las fecundas semillas de la posterior Teoría de la Relatividad, la Teoría de Campos y en general, del actual Modelo Estándar y toda la física cuántica, sin las cuales no se hubiera deducido hoy la teoría de las supercuerdas ni la hipótesis del hiperespacio o de que vivimos y vibramos en varias dimensiones a la vez. Hoy en día, existe además la revolucionaria Teoría de los Biofotones, que nos descubre que son precisamente los fotones de nuestros átomos quienes transportan la' información' a todo nuestro cuerpo y a nuestro ser completo.

No obstante, Michael Faraday tuvo un gran sucesor: James Clerk Maxwell. Hijo de una familia distinguida de Escocia y quizá el más famoso matemático y físico de su época, Maxwell fue el personaje predestinado a traducir las teorías físicas de Faraday al idioma de las matemáticas y a la formalización cuantificada. La Teoría Dinámica del Campo Electromagnético de Maxwell, escrita en el año 1864, representa un hito en la historia de la ciencia. Maxwell llegó a sintetizar todos los conocimientos adquiridos por la ciencia, un poco disgregados o dispersos hasta aquel momento, conocimientos diversos sobre electricidad, magnetismo, óptica, etc. y los sintetizó en sus famosas 'cuatro ecuaciones', que tantas repercusiones y resultados han tenido en nuestra realidad actual.

Debemos recordar que el flujo magnético a través de una superficie se define del mismo modo que el flujo eléctrico; solo varían las unidades de medición; por esa razón siempre nos referimos a esas dos fuerzas de radiación simultánea con el nombre compuesto de 'fuerza electromagnética' porque además no pueden existir la una sin la otra; es decir que... un campo eléctrico siempre crea un campo magnético a su alrededor, del mismo modo que un campo magnético genera electricidad.

Situémonos en aquella época. Parecía que por primera vez los hombres penetrábamos en lo más profundo de la Realidad, en el reino de lo invisible; empezábamos a descubrir las leyes del universo. Ante tanta maravilla, ante la comprensión de esas fuerzas invisibles que nos envuelven, la ciencia cobró una importancia y un poder crucial en el destino de la evolución de la Tierra. Incluso el propio Einstein dijo en una ocasión: Desde que Newton fundó la física teórica, la mayor alteración en la base axiomática de la física, y en nuestra concepción de la estructura de la realidad, deriva de las investigaciones de Faraday y Maxwell sobre los fenómenos electro-magnéticos. No obstante, como también dijo Alan Wolf, el mundo no puede ser conocido totalmente en términos de 'materia' o de 'energía'.

Quizá la materia no sea totalmente material. Tal vez exista algo más que determina la Realidad, además de esas ondas o radiaciones invisibles. Justo eso es lo que estamos descubriendo recientemente y llegaremos hasta la misma fuente de la geometría y de las matrices del universo. Como nos ha dicho Rupert Shelldrake: *existe una vía no material de transmisión de conocimiento.*

Una vez fue descubierto el concepto de 'campo de fuerza' por Faraday y una vez escritas ya las ecuaciones a las que obedecen estos campos gracias al gran trabajo matemático de Maxwell, siguieron investigando intensamente y calculando otros tipos de fuerzas y de realidades. En 1915 Einstein descubrió por primera vez las ecuaciones de campo para la fuerza de gravedad de la Tierra, que al parecer era la más difícil en descubrir como veremos luego. Décadas más tarde, con el descubrimiento de los campos de fuerza propios de las partículas y los átomos, trabajos trascendentes realizados por los científicos C.N. Yang, y R.L. Mills, fueron desarrolladas también las ecuaciones matemáticas que obedecen a la interacción de las fuerzas subatómicas.

Sin embargo, todo ese despliegue de datos y descubrimientos casi encadenados, se fueron realizando bajo el único prisma y la suposición de que esas fuerzas existían solo en tres dimensiones; y eso les hacía caer en muchas contradicciones y errores, sobre todo respecto a la coexistencia de esas fuerzas. Poco a poco los investigadores fueron viendo que todos esos cálculos solamente eran coherentes, tan sólo tenían sentido en nuestra vida si se añadía una dimensión más a nuestra realidad; pero ¿qué era realmente la cuarta dimensión? Durante muchas décadas eso fue pura suposición, tanto para los científicos como para el vulgo; incluso para muchos era considerado como una simple superstición.

No obstante, la teoría de las dimensiones más altas, es decir, incorporar una Cuarta Dimensión a nuestra realidad tridimensional, fue precisamente el gran paso decisivo que dio la ciencia en 1854. El científico que supo incorporar ese gran avance e introdujo a la vez la nueva visión geométrica fue precisamente Georg Bernhard Riemann. Hasta aquel momento nadie había asociado aún la geometría, ni las proporciones matemáticas, ni las leyes de la armonía al mundo de las radiaciones y los campos de fuerza.

En una célebre conferencia dada en la facultad de Gotinga, Alemania, el físico Riemann demostró al mundo las sorprendentes propiedades del espacio multidimensional. Existe un ensayo suyo de gran elegancia, considerado también de una excepcional importancia científica, llamado 'Sobre las hipótesis que subyacen en los fundamentos de la geometría', ensayo que derribó los pilares de la geometría clásica griega, la geometría euclidiana que aún hoy nos enseñan en la escuela.

Hace más de dos mil años, Euclides fue el primer pensador que estableció los principios geométricos, los valores y relaciones de los ángulos y aristas de cada polígono bidimensional. Su trabajo fue un compendio de perfección, belleza y claridad, que ha perdurado hasta la actualidad. Durante siglos, todas las figuras geométricas estuvieron siempre pensadas sobre una superficie plana de dos dimensiones. Los principios básicos de la geometría euclidiana dicen que los ángulos internos de un triángulo siempre suman 180 grados y también dicen que las líneas paralelas nunca se cortan.

Sin embargo, a mediados del siglo XIX, Riemann llegó a demostrar que, en la realidad cotidiana, las superficies reales muy a menudo no son planas y, por tanto, la geometría debía contemplar también otros parámetros basados en el espacio curvo (él hacía siempre la analogía de que, la realidad, es 'como un papel arrugado' y todos los cálculos espaciales debían hacerse desde esa perspectiva topográfica real). La nueva geometría no euclidiana, entre otras cosas afirmaba que los ángulos internos de un triángulo suman más de 180 grados y que las líneas paralelas siempre se cortan, concepto que realmente rompía o pulverizaba muchos esquemas. Pero eso se estableció y se demostró sobretodo cuando apareció Einstein y otros pensadores que empezaron a considerar los valores inherentes y trascendentes de la geometría.

Naturalmente todos esos principios revisados son mucho más complejos, pero este pequeño ensayo divulgativo no es precisamente el contexto adecuado para exponerlos de forma completa. Estos datos tan solo son importantes para entender los nuevos conceptos geométricos a los que estaba llegando la física, algo que sí nos incumbe en este ensayo. Aunque tal vez lo más interesante de estos capítulos, en los que exploramos tan solo un poco del mundo de la ciencia, sea precisamente impulsar al lector a realizarse preguntas clave para su desarrollo y para su futuro.

Lo más importante fue que aquel hombre, Riemann, utilizó por primera vez el espacio multidimensional para simplificar y entender las leyes de la naturaleza. Para Riemann, la electricidad, el magnetismo y la fuerza de la gravedad eran efectos provocados por el arrugamiento o distorsión del hiperespacio. El científico también anticipó el concepto de los agujeros de gusano, las puertas de conexión entre los espacios o dimensiones. Expresó la gravedad por primera vez como un campo y creó el tensor métrico que describe la fuerza de gravedad debido a la curvatura del espacio.

Riemann tenía los conceptos y las leyes físicas, pero no tenía las matemáticas para demostrarlo; aún no tenía forma de calcular las ecuaciones a las cuales obedecen la electricidad, el magnetismo y la gravedad, ni sabía cuánto arrugamiento sería necesario para describir esas fuerzas; eso lo hicieron más tarde Maxwell y sobre todo Einstein, como veremos. Riemann se aproximó mucho a dar una explicación geométrica de la realidad y para ello utilizó la analogía de los planilandeses (habitantes de un mundo en dos dimensiones) viviendo en una hoja de papel arrugado. Para nosotros, un planilandés que se mueve en una superficie arrugada será incapaz de caminar en línea recta, puesto que experimentará una 'fuerza' que lo zarandea de un lado a otro. Para Riemann la curvatura o distorsión del espacio provocaba la aparición de una 'fuerza'. Eso era un punto de enlace entre la segunda y la tercera dimensión.

Pero gracias al intenso trabajo de este científico del XIX, se popularizó la idea de las multi-dimensiones. Aunque esa popularización (reflejada incluso en múltiples guiones cinematográficos) no benefició en nada a los serios y complicados estudios que la ciencia estaba realizando, la verdad es que la idea de que existen varias dimensiones a la vez y que además pueden demostrarse matemáticamente, es una idea realmente apasionante, provocativa, muy retadora y que, como mínimo, ha llevado a los pensadores más pioneros de la ciencia a acercarse de una forma tremenda, no solo al estudio profundo de la naturaleza y de sus matrices causales, sino al propio mundo de la metafísica.

15 · EL SUEÑO GEOMÉTRICO DE ALBERT EINSTEIN

La madre de Albert Einstein estaba muy preocupada por lo lentamente que su hijo aprendía a hablar; sus maestros de la escuela elemental lo consideraban un soñador loco, un niño insoportable que siempre interrumpía la disciplina de las aulas con preguntas estúpidas. Aquel niño, pocos amigos tuvo durante su infancia, desde luego. Albert abandonó la escuela secundaria y, sin un diploma de enseñanza media, tuvo que pasar un examen especial para ingresar en el instituto. Lo suspendió por dos veces. También suspendió el examen de ingreso a la milicia suiza por tener los pies planos. Cuando por fin el joven Einstein, después de mil peripecias, se graduó en física, no encontró trabajo de ninguna clase. Era un físico en paro, que incluso fue descartado para una plaza de profesor en la Universidad y fue rechazado numerosas veces en todos los trabajos que él solicitaba. Se dedicó durante un tiempo a tutorizar a estudiantes, cobrando tres francos por hora de trabajo.

Einstein aborrecía lo que la mayoría de gente buscaba: poder y dinero. Finalmente, gracias a un amigo, consiguió una plaza de funcionario en la oficina de patentes de Berna, Suiza. Empezó a ganar lo suficiente para que sus padres por fin no tuvieran que mantenerlo y, con este salario mínimo, mantuvo a su esposa y a su hija recién nacida. Entre una patente y otra, la mente de Einstein volaba alrededor de los problemas y las preguntas que le habían intrigado desde pequeño. Fue entonces cuando emprendió una increíble tarea que iba a cambiar el curso de la historia humana y su herramienta fue, precisamente, la cuarta dimensión.

Jacob Bronowski un día escribió: *el genio de hombres como Newton y Einstein reside en que hacen preguntas inocentes y transparentes que resultan tener respuestas revolucionarias.* Ya de adolescente, Einstein se planteaba a sí mismo preguntas como ¿qué aspecto tendría un rayo de luz si uno pudiera alcanzarlo? ¿vería uno la onda estacionaria en el tiempo? Para contestarlo utilizó cincuenta años de su vida para explorar los misterios del tiempo y del espacio...

Vamos a imaginar por un momento que tratamos de adelantar un tren con un automóvil a gran velocidad. Si aceleramos, nuestro coche corre paralelo al tren. Si ahora miramos al interior del tren parece estar todo en reposo, las personas y las cosas actúan como si el tren no se moviera. De forma análoga el pequeño Einstein se imaginaba viajar junto a un rayo de luz. Pensaba que un rayo de luz se parecería a una serie de ondas estacionarias, congeladas en el tiempo; dicho de otro modo, el rayo de luz parecería estar inmóvil, aunque oscilante. Luego confirmó sus sospechas y aprendió que la luz puede ser expresada en los términos de campo eléctrico y magnético, como enseñaba Faraday, y que estos campos de fuerza obedecen a las leyes y ecuaciones descubiertas por Maxwell.

Pero le parecía absurdo que nunca pudiéramos atrapar un rayo de luz. Analizó cuidadosamente las ecuaciones de Maxwell y, con el tiempo, eso lo llevó a postular el Principio de la Relatividad Espacial, la cual dice que la velocidad de la luz es la misma en todos los sistemas de referencia, en movimiento uniforme. Este principio aparentemente inocente es uno de los grandes logros de la mente humana, junto a la ley de gravitación de Newton. A partir del Principio de la Relatividad podemos conocer hoy el secreto de las grandes energías que liberan las estrellas y las galaxias.

Pero dándole vueltas a las incongruencias de la velocidad de la luz y al ejemplo del tren en movimiento, llegó a la conclusión de que *el tiempo se frena*. El espacio y el tiempo nos juegan malas pasadas, decía a menudo. Newton, trescientos años antes, pensaba que el tiempo transcurría a la misma velocidad en cualquier parte del universo. Sin embargo, en experimentos científicos reales recientes, hechos con relojes atómicos puestos en órbita en torno a la Tierra, han confirmado que un reloj en la Tierra y un reloj en un cohete en el espacio exterior, marchan a velocidades distintas.

Se ha demostrado que la velocidad de la luz es siempre C, por muy rápido que viajemos; y esto se debe a que, cuánto más rápido viajamos, más lentos marchan nuestros relojes y más se contrae la materia, mientras que la velocidad de la luz sigue siendo la misma. Pero no podemos ver o sentir esos efectos porque nuestros cerebros también están pensando con más lentitud y nuestros cuerpos también se están haciendo más estrechos y planos a medida que nos aproximamos a la velocidad de la luz.

Y nosotros somos felizmente inconscientes de ello porque esos efectos son demasiado pequeños para notarse, debido a que la velocidad de la luz es muy grande. El tiempo y el espacio eran dos magnitudes distintas hasta el momento; unificarlas en una sola magnitud era una cosa impensable, pero, según la Relatividad Especial, el tiempo puede transcurrir a diferentes velocidades, dependiendo de cuán rápido se esté uno moviendo.

Muchos artículos y resúmenes se han publicado de la primera teoría de Albert Eintein, pero pocos de esos informes han captado y explicado la esencia de la Teoría de la Relatividad Especial. Esa gran teoría consiste en que, *el tiempo, es la cuarta dimensión y que, todas las leyes de la naturaleza se simplifican y se unifican en dimensiones más altas.* El trabajo de Einstein, que introducía el tiempo como la cuarta dimensión, superaba el concepto de 'tiempo' que habíamos tenido desde Aristóteles. A principios del s. XX, y a partir de Einstein, esos dos conceptos vitales debían ser considerados como dos aspectos de una misma magnitud: el espacio-tiempo. No obstante, como reza una máxima india el siglo IX (Mahapurana*): 'Si Dios creó el mundo ¿dónde estaba Él antes de la Creación? Sabed que el mundo es increado, como lo es el propio tiempo, sin principio ni fin'.*

Para ver cómo las dimensiones más altas de 3D simplifican las leyes de la naturaleza, recordemos cómo funciona nuestra dimensión. Longitud, altura y anchura, son las tres medidas que posee cualquier objeto y, puesto que podemos girarlo, al rotar libremente cualquier cosa 90 grados, podemos transformar su longitud en anchura, y su anchura en altura. Ahora bien, si el tiempo es la cuarta dimensión, es posible hacer rotaciones que convierten el espacio en tiempo y el tiempo en espacio. Estas rotaciones tetradimensionales son precisamente las distorsiones del espacio y el tiempo expuestas en la Relatividad especial.

Cualquier estudiante de física o matemáticas tarda varios años en dominar las ocho ecuaciones de Maxwell para el electromagnetismo, que son excepcionalmente feas y opacas; son ocho ecuaciones incómodas y difíciles de memorizar, básicamente porque el tiempo y el espacio se tratan por separado. Gracias al cerebro de Einstein, esas ocho ecuaciones se reducían ahora a una sola ecuación de aspecto trivial cuando el factor tiempo se trata como la cuarta dimensión.

Con un golpe maestro, la cuarta dimensión lo simplifica todo de un modo bello y transparente y, además, escritas de esta forma, las ecuaciones poseen una simetría más alta, es decir, el espacio y el tiempo pueden transformarse uno en otro, como demuestra la teoría einsteniana y como también un copo de nieve queda igual cuando lo giramos alrededor de su eje. La simetría del espacio tetradimensional puede explicar miles de cosas del conocimiento físico, pero tan solo diremos que, esta famosa ecuación, gobierna hoy en día todas las dinamos, la radio, la televisión, el láser, el rádar y cualquier tipo de electrodoméstico de nuestra vivienda.

Pero Einstein, a partir de aquí, dio un paso definitivo. Comprendió que, si el espacio y el tiempo pueden unificarse en una sola entidad, llamada espacio-tiempo, entonces también quizá la materia y la energía podrían unirse también en una relación dialéctica. La cantidad de energía siempre depende de *cómo* midamos las distancias y los intervalos de tiempo. Por ejemplo, cuando un automóvil choca frontalmente contra un muro, tiene obviamente energía; pero si el coche se aproxima a la velocidad de la luz, sus propiedades se distorsionan, se contrae como un acordeón y se frenan sus relojes.

Lo interesante es que Einstein descubrió que, la masa del coche, también aumentaba cuando éste se aceleraba, pero ¿de dónde procedía este exceso de masa? El sabio llegó a la conclusión de que este aumento de materia procedía de la 'energía', lo cual tuvo consecuencias perturbadoras para toda la sociedad científica de entonces. Si la energía del automóvil podía convertirse en masa, también la materia desaparecía para… liberar enormes cantidades de energía.

A los veintiséis años, Einstein calculó exactamente cómo cambiaba la energía basándose en el Principio de Relatividad y descubrió la relación $E= mc2$. Pero como la velocidad de la luz al cuadrado (c2) es un número extraordinariamente grande, eso significa que… una pequeña cantidad de materia (m), puede liberar una enorme cantidad de energía. En todas y cada una de las partículas de la materia existente… hay un enorme almacén de energía. Dicho de otro modo: *la materia es energía condensada.*

Einstein había hallado, no solamente la relación simbiótica del espacio y el tiempo, sino la relación existente entre la materia del universo y la energía que esta materia conlleva. Desde entonces, esos dos conceptos fueron considerados como una sola unidad: *materia- energía*. Y no olvidemos que este excepcional pensador siempre estuvo guiado, según sus escritos, por la intuición de que, las dimensiones más altas, tenían un propósito: unificar los principios de la naturaleza. Debemos recordar también que toda esa maravilla, tuvo también un fuerte impacto social, incluso peligroso y destructivo (si cae en manos inconscientes) como el de la 'bomba de hidrógeno', la más poderosa creación del siglo veinte, que se basa precisamente en la liberación de la fuerza nuclear, no en el electromagnetismo ni en la gravedad.

Aunque había logrado desvelar algunos de los grandes secretos de la naturaleza, Einstein era consciente de que había 'lagunas' en sus teorías. No sabía aún la relación entre esos dos nuevos conceptos, ni cómo tratar las aceleraciones (que eran ignoradas en la Relatividad especial), ni que ocurría con la fuerza de la gravitación. Su amigo Max Plank, fundador de la Teoría Cuántica, le dijo entonces: *'Como amigo suyo debo prevenirle de que, si entra en el problema de la gravedad, no tendrá éxito; e incluso si lo tuviese, nadie le creería'*.

Sin embargo, Einstein se lanzó a desvelar el misterio de la gravitación. Y una vez más, la clave de su posterior descubrimiento trascendental consistió en plantear cuestiones que solo los niños plantean. Cuando alguien sube a un ascensor, a veces se pregunta: ¿qué pasa si se rompe a cuerda? La respuesta es que nos quedaremos sin peso y flotando dentro del ascensor, como si estuviéramos en el espacio exterior porque, tanto el ascensor como nosotros, estamos cayendo a la misma velocidad y nos estamos acelerando en el campo gravitatorio de la Tierra; sin embargo, la aceleración es la misma para las personas como para el ascensor, pues parece que estamos sin peso, como si alguien hubiera desconectado la gravedad del planeta.

Sentado en su despacho de patentes de Berna, Einstein tuvo una idea: 'si una persona cae en caída libre, no sentirá su peso'. A partir de esa pregunta y de varios análisis posteriores, claro, el físico captó la naturaleza fundamental de la gravitación: las leyes de la naturaleza, en un sistema de referencia 'acelerado', son equivalentes a las de un campo gravitatorio; un enunciado que se llamó el Principio de Equivalencia y que hoy en día se ha convertido en la base de la Teoría del Cosmos.

Un principio físico fundamental hasta entonces era que, un rayo de luz toma el camino que requiere menor tiempo para ir de un punto a otro, es decir, que los rayos de luz son 'rectos'. Sin embargo, observó Einstein, si la luz toma el camino que menor tiempo requiere entre dos puntos y los rayos de luz se curvaran bajo la influencia de a gravedad, entonces la distancia más corta entre dos puntos es la línea curva. Él mismo quedó conmocionado por esta conclusión; si pudiera observarse que la luz viaja en línea curva, pensaba, significaría que el propio espacio está curvado.

En lo más profundo de la creencia de Albert Einstein (y eso se repite en sus escritos) estaba la idea de que la 'fuerza' podría explicarse utilizando la pura Geometría. Pero los teoremas usuales de geometría no eran válidos para sus investigaciones. Revisó varios trabajos para dar una explicación puramente geométrica del concepto de 'fuerza', pero no conseguía encontrar lo que buscaba.

Einstein advirtió que la presencia del Sol distorsiona el camino de la luz procedente de las estrellas lejanas. Si los planetas giran alrededor del Sol, es debido a que se están moviendo en un espacio que ha sido curvado por la propia presencia del Sol. Así pues, la razón por la que nosotros permanecemos en la Tierra sin salir despedidos hacia el espacio es que, la propia masa de la Tierra y su fuerza de gravedad, están deformando constantemente el espacio a nuestro alrededor.

Sintetizó esta analogía con el siguiente enunciado: *la presencia de la materia-energía determina la curvatura del espacio-tiempo a su alrededor.* La curvatura del espacio está directamente relacionada con la cantidad de energía y de materia contenida en dicho espacio. Le faltaba una pieza del rompecabezas y eso lo desesperaba; había descubierto finalmente el principio físico correcto, pero carecía de un formalismo matemático riguroso suficientemente potente para expresar este nuevo y revolucionario principio.

Einstein pasó tres frustrantes e interminables años, entre 1912 y 1915, buscando esa matemática que apoyara sus ideas; escribió una carta desesperada pidiendo ayuda a su amigo Grossman, un matemático que de inmediato comenzó a buscar en las bibliotecas las claves para ayudar a su amigo... hasta que encontró accidentalmente el trabajo de Riemann, unos estudios que habían sido ignorados por los físicos durante sesenta años. Irónicamente, Riemann poseía el aparato matemático, pero le faltaba el principio físico.

Completamente asombrado, Einstein descubrió que podía incorporar prácticamente 'todo' el cuerpo del trabajo de Riemann, línea por línea, en la reformulación de su principio físico. Este gran trabajo (desde luego conjunto, aunque... a distancia en el tiempo puesto que Rieman no fue contemporáneo de Einstein) se denominó la *Teoría de la Relatividad General* y, las ecuaciones de campo que contiene, hoy se sitúan entre las ideas más profundas de la historia de la ciencia.

En la década de los años veinte, después de la primera guerra mundial, mientras la televisión aún no había aparecido en nuestras casas, mientras la gente bailaba el charlestón y la arquitectura entraba de lleno en la época cubista, las teorías de la Relatividad Especial y de la Relatividad General del físico Albert Einstein, ya se habían incorporado por completo. Los astrónomos habían verificado que la luz de las estrellas se desvía realmente cuando pasa cerca del Sol y la existencia de este genio estaba siendo celebrada como sucesor de Isaac Newton. Sin embargo, Einstein aún no estaba satisfecho.

En realidad, buscaba la teoría del Todo, un sueño y una visión que explicara todas las fuerzas encontradas en la naturaleza y que unificara la luz y la gravedad, teoría que él mismo denominó como Teoría del Campo Unificado. Pero cuando murió, solo dejó varias ideas inacabas sobre esa teoría en sus manuscritos. La fuente de su frustración era precisamente el tipo de estructura que poseían sus propias ecuaciones.

Un miembro de su ecuación era la curvatura del espacio-tiempo, que él mismo asociaba al 'mármol' debido a su bella estructura geométrica; para Einstein la curvatura del espacio-tiempo era como un compendio de arquitectura griega, una estructura geométrica bella, serena y simétrica. Pero odiaba el otro miembro de la ecuación, la materia-energía; la consideraba, y cito textualmente, 'un horrible revoltijo de formas confusas y aleatorias, desde partículas subatómicas, átomos, polímeros y cristales, hasta piedras, árboles, planetas y estrellas'; le parecía fea, desordenada y complicada, mientras que el mármol del espacio-tiempo era puro, simple y elegante, como la perfecta geometría.

La gran estrategia de Einstein era convertir la 'madera' en 'mármol', es decir, dar un origen completamente geométrico a la materia. Pero sin más claves físicas y sin una comprensión más profunda de la madera (lo que sucedió algo más tarde con la mecánica cuántica) su sueño era por entonces imposible. Intuir o intentar dar un origen geométrico a la materia, era hasta tal punto revolucionario que aún hoy creo que nadie ha llegado a comprender en profundidad el espíritu de aquel genio, un ser que demostró estar muy conectado con las matrices energéticas del universo.

No obstante, el sueño geométrico de Einstein siguió su curso aun sin proponérselo; y la clave de todo ese orden, una vez más, fue la visión multidimensional. En abril de 1919 recibió una carta que le dejó sin habla; procedía de un matemático desconocido llamado Theodr Kazula, de la Universidad de Königsberg, en Alemania. En pocas páginas, este científico anónimo le estaba proponiendo a Einstein la solución a uno de los problemas mayores del siglo, una solución que unía la teoría de la gravedad de Einstein con la teoría de la luz de Maxwell... introduciendo la 'quinta dimensión'.

Kazula argumentaba que la luz podía ser una perturbación provocada por el rizado de esta dimensión más alta, la quinta. En realidad, lo que le estaba proponiendo era una auténtica teoría de campos. En la carta, Kazula desarrollaba las ecuaciones de campo de Einstein para la gravedad, pero en cinco dimensiones. Luego demostraba que estas ecuaciones (para 5D) contenían dentro de ellas la teoría tetradimensional de Einstein (4D) pero con un elemento adicional. Pero lo que conmovió a Einstein fue que, este elemento adicional, era precisamente la teoría de Maxwell sobre la luz. Dicho de otro modo, lo que el desconocido Kazula proponía era combinar, de un solo golpe, las dos mayores teorías de campos, mezclándolas en la quinta dimensión y eso a Einstein le pareció una visión de la realidad hecha de pura geometría, su codiciado sueño.

La luz y la gravedad no tienen nada en común; la luz, tan familiar y visible, la fuerza electromagnética, es la que alimenta nuestras máquinas y la que nos ha permitido 'dominar' la naturaleza. Por el contrario, la gravedad actúa a una escala mayor; es la fuerza que guía a los planetas e impide que el Sol explote, una fuerza cósmica que impregna el universo y mantiene unido al sistema solar. Incluso matemáticamente, la luz y la gravedad son como el aceite y el agua. La teoría de Maxwell requiere cuatro campos, mientras que la teoría de la gravedad de Einstein requiere diez para expresarla. Sin embargo, la carta y la exposición de Kazula era tan elegante, compacta y concluyente, que Einstein no podía rechazarla; ni siquiera... ignorarla.

En realidad, Theodr Kazula unió las dos piezas del rompecabezas, sobre todo porque las dos eran parte de un Todo mayor, un espacio pentadimensional. La luz emergía como la *distorsión de la geometría* de un espacio de dimensión más elevada. Einstein quedó tan impresionado y sacudido por la carta de Kazula que... se negó a responderla. Reflexionó sobre la profunda carta durante dos largos años. Increíble. Finalmente, convencido de que la exposición de Kazula era potencialmente importante, lo sometió a una publicación con el sugerente título 'Sobre el problema de la unidad en la física'.

Aún hoy, cuando algunos historiadores mencionan el gran trabajo de Kazula, dicen que la idea de la quinta dimensión era algo como caído del cielo, inesperado y original. Su sorpresa es debida probablemente a su poca familiaridad con los trabajos no científicos de místicos, artistas, literatos y vanguardistas, gente que culturalmente estaban vinculados a este científico, Theodr Kazula, en Alemania. Este es uno de tantos problemas graves de la actualidad.

Si los científicos (que aún no estén comprados o manipulados por las empresas multinacionales) abrieran sus mentes y sus corazones, dejando de lado su infantil temor al *qué dirán los demás*, si esos hombres inteligentes se abrieran a múltiples campos de trabajo, a disciplinas cercanas aunque distintas de la ciencia, se enriquecerían los avances evolutivos del ser humano, no tan solo los avances científicos sino los humanitarios, psicológicos, espirituales, pedagógicos, sociológicos... y la humanidad entera entraría de una vez por todas en su etapa adulta y consciente.

Pero sigamos con esas fuerzas que aún estaban por descubrir en los albores del siglo XIX. La quinta dimensión no era un truco matemático introducido para manipular el electromagnetismo y la gravedad, sino una dimensión física que proporcionaba el pegamento para unir esas dos fuerzas, en una sola... Sin embargo, esa fuerza única era demasiado pequeña para ser medida; según los estudios se vio que, por ejemplo, cualquiera que caminase por la quinta dimensión, llegaría a encontrarse de nuevo allí donde comenzó a andar.

Eso se debe a que la quinta dimensión es topológicamente idéntica a un círculo, un perfecto círculo geométrico; y el universo es topológicamente idéntico a un cilindro. Según Klein, otro científico que se unió al precioso trabajo de Kazula, la quinta dimensión estaba enrollada en un círculo minúsculo, del tamaño de la longitud de Planck, tan minúsculo que era inverificable. Pero el hecho de que la quinta dimensión, según los científicos, fuera demasiado pequeña para ser medida, convirtió aquel gran trabajo iniciado en una verdadera encerrona; parecía una vía sin ninguna salida.

Por prometedora que fuera la teoría de Kazula, Klein, Einstein y otros grandes hombres, una teoría gestada para proporcionar un fundamento puramente geométrico a todas las fuerzas de la naturaleza, hacia los años treinta... esta teoría ya estaba muerta. También es cierto, tristemente, que los físicos, todos en masa, abandonaron este área de investigación, debido al descubrimiento de una nueva teoría que estaba revolucionando el mundo de la ciencia: *la mecánica cuántica.*

La marea desencadenada por las teorías del mundo subatómico empantanó por completo todas esas espectaculares e importantes investigaciones. Lo que era peor aún, el hecho de desvelar por fin los secretos del átomo, desarrollar la mecánica cuántica en general y el Modelo Estándar, el hecho de enfocarse obsesivamente en el átomo, desafiaba la interpretación geométrica de las fuerzas de la naturaleza, reemplazándolas por paquetes discretos de energía, puesto que... todo lo que no podía verse o medirse en el laboratorio, decían, *no existe.*

Sin embargo, la característica más interesante del Modelo Estándar es que en el fondo está basado en la Simetría, es decir, la conservación de la forma de un objeto, incluso después de que los giremos o deformemos. Los físicos cuánticos dicen que las subpartículas no son aleatorias, sino que se presentan en pautas definidas. La simetría es un fenómeno armónico e inteligente que se presenta constantemente en la naturaleza, macro y microcósmica. Y simetría es geometría...

Volvemos a nuestro único foco de atención, la geometría. Así que, al parecer, las matrices unitarias espaciales e inteligentes... existen, aunque no sepamos aún mucho sobre ellas. Veamos ahora lo valiosa que ha sido la aportación de otro científico contemporáneo, Rupert Sheldrake, alguien que hoy afirma bajo rigurosos estudios que toda unidad mórfica, es una forma de energía y esta energía se repite como un patrón de comportamiento orgánico y psicológico; tal vez este nuevo científico se acerque un poco más a las valiosas leyes profundas de la geometría y, tanto él como otros científicos afines, nos puedan aportar valores nuevos en los que fundamentar la nueva Medicina Armónica del Ser Humano, llamado en mis seminarios el Proyecto M.A.S.H.

16 · RUPERT SHELDRAKE Y LA RESONANCIA MÓRFICA

El bioquímico británico Rupert Sheldrake ha desarrollado recientemente una hipótesis muy revolucionaria para el mundo científico ortodoxo, una visión de la realidad que ha sido comparada en importancia a la Teoría de las Especies de Darwin. Tanto revolucionó en 1981 esta nueva hipótesis sobre la existencia de la materia, que su discusión ha llegado a generar hasta hoy numerosos debates mundiales en la prensa escrita, en radio y en televisión. Incluso diferentes entidades han ofrecido premios substanciosos para la demostración de esta teoría. Con su interesante Hipótesis de la Causación Formativa y con todo lo que de ella se deriva, Rupert Sheldrake ha desafiado las convenciones establecidas por la ciencia clásica, causando una gran polémica intelectual que, a mi parecer, es de suma importancia y puede representar un enorme avance para la apertura de la mente.

Yo descubrí su trabajo cuatro años más tarde de crear y materializar todo el método de la Geocromoterapia, pero debo decir que a mí personalmente me impresionó la profundidad de su trabajo y su visión. Expondré una breve síntesis de esta extensa hipótesis científica tan contemporánea, con el fin de facilitar al lector su comprensión, o tal vez para empezar a degustar y reflexionar sobre las características y propiedades de dicho paradigma, quizá de llegar a correlacionarlo de algún modo con los fenómenos de la geometría y ver las posibles implicaciones y consecuencias que puede tener esa nueva idea para la vida práctica del hombre y para la evolución de su conciencia.

Además de argumentada, seria, científica y revolucionaria, la Hipótesis de la Resonancia Mórfica de Rupert Sheldrake (que muchos la consideran ya una 'teoría' estable, más que una hipótesis) posee también un sabor místico importante, lo que a mi entender la hace aún más completa, respetable y digna de ser revisada. Al fin y al cabo, la finalidad de una teoría científica no es saber si es cierta o no, sino que sea realmente una gran aportación para el crecimiento cognitivo y el enriquecimiento humano.

Vamos a ello... ¿Cómo se generan las formas particulares de cada organismo? ¿Porqué todas las cosas y entes existentes, tienen una forma determinada y no otra? ¿porqué se transmite, generación tras generación, el mismo tipo de forma? ¿porqué una tomatera no tiene forma de ciprés, o los hijos de los insectos no toma alguno de ellos la forma de un caballo o de un gusano?

Rupert Sheldrake mantiene que los sistemas materiales son estructuras dinámicas que se recrean constantemente a sí mismas. Según él, ya no debemos ver a la materia como si estuviera constituida por partículas sólidas o 'bolitas', que perduran a través del tiempo. Más allá de las partículas de materia y mucho más allá de los genes, existe una especie de *información* que se transmite.

Sheldrake afirma (y lo demuestran las investigaciones llevadas a cabo) que esta 'información' que origina y engendra a todas las formas, 'se transmite a través de grandes distancias'. Tal vez eso sea lo más revolucionario de su trabajo. Tanto en su libro 'Una nueva ciencia de la vida' como en 'La presencia del pasado', Rupert Sheldrake explica que los organismos y las especies pueden aprender, adaptarse y desarrollarse... a través de un proceso que él lo denomina: *resonancia mórfica* (mórfico procede de 'forma').

Todo sistema en la naturaleza, todos los seres vivientes (llamados ahora 'unidades mórficas') hereda una memoria colectiva. Un famoso ejemplo de ello es que, 'si una paloma de Londres aprende un hábito nuevo, de forma automática otras palomas del mundo, no importa lo grande que sea la distancia, manifiestan la tendencia a aprender el mismo hábito y, de hecho, lo aprenden y lo incorporan a su vida'. Se sobreentiende que estas palomas 'no se han desplazado ni se han visto jamás' (hay muchos otros ejemplos demostrados con monos y otras especies no voladoras ni rápidas en sus traslados). Por supuesto, ocurre lo mismo en el ser humano.

Es decir, existe una vía no material de transmisión de conocimiento, una vía podríamos llamar virtual de transmitir información. Eso es realmente muy revolucionario, según la física y la bioquímica ortodoxa. El científico británico mantiene que todas las unidades mórficas (se refiere a cualquier ser vivo o cosa que tenga forma, o sea, todo lo que vemos), pueden considerarse también formas de energía o campos estructurales.

Toda la estructura y los patrones de actividad de los seres orgánicos e inorgánicos, dependen de los campos morfogenéticos (que generan formas comportamentales) con los que están asociados, y bajo la influencia de los cuales se han originado. Aunque teóricamente pueden separarse los aspectos de 'forma' y de 'energía', en la realidad vivencial aparecen siempre asociados. Como dice Sheldrake *'ninguna unidad mórfica puede tener energía sin una forma y ninguna forma material puede existir sin energía'*. Así, también cada forma geométrica tiene una energía y un potencial específico.

Esta dualidad forma-energía se hace explícita en su teoría de la 'causación formativa', de la misma manera que la dualidad onda-partícula se hace explícita en la teoría cuántica. Sin embargo, la teoría cuántica no permite comprender la causación de las formas, es decir, cómo han surgido éstas y de qué tipo de matriz proceden. La hipótesis de la causación formativa considera que *las formas de sistemas anteriores son la causa y el origen de las formas similares subsiguientes,* incluso en diferentes lugares y momentos, sin tener nada que ver necesariamente con la genética ni los cromosomas codificados, según las conclusiones de la investigación de este bioquímico.

Creo que lo más adecuado será hacer ahora una síntesis, lo más fiel posible (incluso a veces textual) de la nueva teoría de Rupert Sheldrake, que vemos en esta imagen, para comprender en profundidad su trascendencia, teniendo en cuenta, pero a la vez suavizando, su lenguaje típicamente científico, con el cual no deberíamos abrumarnos, puesto que lo importante son las ideas que contienen esas palabras; la siguiente síntesis está extraída de su propia publicación 'Una nueva ciencia de la vida'.

-1- Además de lo admitido por la física, la química y la biología, existen otros tipos de causalidad, responsable de las formas de cualquier materia viva, ya sean partículas, átomos, moléculas, cristales, orgánulos, células, tejidos, órganos, organismos... La causación de la forma, su apariencia externa y su estructura interna, impone un 'orden espacial', un ordenamiento de los cambios producidos por causalidad energética. Es decir: las formas se originan mediante campos morfogenéticos, en conjunción con procesos energéticos (de los que se ocupa la física), pero estos campos morfogenéticos no son en sí mismos energéticos (eso es muy importante en esta nueva teoría y realmente lo más innovador a mi parecer).

-2- Los campos morfogenéticos son estructuras, o patrones, con efectos morfo- genéticos (es decir, de generación de forma) sobre los sistemas materiales. Cada unidad mórfica, cada ser, tiene su propio campo morfogenético característico. Una de las características del campo es que existen 'gérmenes morfogenéticos'. Todo este campo mórfico contiene la forma virtual del Ser, una forma singular o patrón que genera un área de influencia a su alrededor; no solo eso, sino que se crea un proceso mediante el cual las partes de la unidad mórfica liberan energía, generalmente en forma de calor (los pozos de energía potencial).

-3- Un tipo dado de morfogénesis suele seguir una vía de desarrollo determinada llamada 'creoda' o vía canalizada de cambio. La mayoría de morfogénesis inorgánicas son rápidas, pero las morfogénesis biológicas son relativamente lentas. Los ciclos de crecimiento celular tienen lugar bajo la influencia de una sucesión de campos morfogenéticos; conforme va aumentando su repetición, más profunda es la 'creoda' (la vía de desarrollo del ser).

-4- La forma característica de cada unidad mórfica y de cada ser, viene determinada por las formas de los sistemas similares anteriores, que actúan sobre este nuevo ser a través del tiempo y del espacio, mediante un proceso denominado resonancia mórfica. Esta influencia se produce a través del campo morfogenético y depende de estructuras tridimensionales y de los patrones de vibración del sistema, aunque este proceso no implique ninguna transmisión de energía.

-5- Los campos morfogenéticos pueden aumentar o disminuir de tamaño, a escala, dentro de unos límites (el campo de la forma de un elefante es diferente que el campo morfogenético de una hormiga, por ejemplo). Y los sistemas anteriores que ejercen una influencia sobre el sistema subsiguiente, no tienen una forma idéntica sino similar. El tipo de forma anterior 'más frecuente' es el que ejerce mayor influencia, por *resonancia mórfica*. Los campos morfogenéticos no están definidos con precisión y exactitud, pero están representados por 'estructuras de probabilidad'.

-6- El campo morfogenético de una unidad mórfica, influye sobre los campos de cada una de sus partes constituyentes. Así, los campos de los tejidos ejercen una influencia sobre el de las células; el campo de cada célula, influye sobre el campo de los orgánulos; los campos de los orgánulos, influyen sobre el de las moléculas; los de las moléculas influyen sobre los campos morfogenéticos de los átomos, y el de éstos, sobre el de las partículas y subpartículas. Estos efectos dependen de las estructuras de probabilidad del nivel superior.

-7- Cuando se ha actualizado la forma final de una unidad mórfica, la acción continua de la resonancia mórfica de estas formas anteriores, estabiliza esta nueva forma y la mantiene. El propio científico, la final de la exposición de su teoría dice que la hipótesis de la causación formativa da una explicación a la repetición de formas y comportamientos, pero no explica cómo se originó 'la primera' forma. Decidir si esta primera forma de cada especie se puede atribuir al azar, o a una creatividad inherente en la materia, o a una fuerza creativa trascendente, solo puede efectuarse en el terreno metafísico, no en el científico.

Otros puntos de gran interés de la teoría de Rupert Sheldrake es que la mayor parte de unidades mórficas biológicas están polarizadas como mínimo en una dirección; dicho de otro modo, todos los campos morfogenéticos tienen una polaridad. Casi todos los organismos están polarizados en una dirección, bien sea brote-raíz, o cabeza-cola. O quizá, además de la primera, en una segunda dirección: ventral-dorsal. Y algunos están polarizados en tres direcciones: izquierda-derecha, además de cabeza-cola y de ventral-dorsal (por ejemplo, los caracoles con sus conchas en forma de espiral).

Hay que recalcar que, en los organismos simétricos, se producen estructuras asimétricas a ambos lados del organismo, las cuales aparecen siempre en formas 'dextrógira' (hacia la derecha) y 'levógira' (hacia la izquierda), como por ejemplo las manos derecha e izquierda, los pies, los ojos, etc. El campo morfogenético adopta simplemente el sentido del germen morfogenético con el que se asocia o sintoniza; y lo adopta por resonancia mórfica. Un ejemplo muy interesante al respecto es el de las moléculas de los aminoácidos y azúcares, que son asimétricas y pueden existir en forma dextrógira y levógira. Sin embargo, todos los aminoácidos de las proteínas son levógiros, mientras que, por el contrario, la mayoría de los azúcares son dextrógiros.

Volviendo a uno de los puntos más interesantes de la hipótesis de Sheldrake, el concepto de la 'resonancia' entre las formas existentes, diremos que un sistema entra en resonancia con otro, en respuesta a 'una franja de frecuencias' más o menos cercanas a su frecuencia natural. La máxima respuesta de evolución se produce cuando la frecuencia coincide o sintoniza completamente con su propio tipo de frecuencia.

La resonancia mórfica puede sintonizar con mayor o menor exactitud, siendo mayor su especificidad cuanto más se parecen las formas del sistema anterior y del sistema presente. Así, la resonancia mórfica de estos sistemas será más específica y, por lo tanto, más eficaz, aumentando la selectividad de la resonancia mórfica. Un organismo con una constitución genética determinada, tenderá a desarrollarse de forma que entre en resonancia mórfica con individuos anteriores de igual constitución en sus genes. Así mismo, la vía de desarrollo o creoda del nuevo ser, viene también determinada por factores ambientales.

17 · LA ENERGÍA ESTRUCTURAL RESONANTE

Lo más importante de ese nuevo campo de energía propuesto por Sheldrake, es que no es de tipo electromagnético sino un tipo de energía que podríamos llamar 'estructural'. Y ahí está lo revolucionario, lo desafiante, lo innovador, lo provocador, lo más interesante respecto a la gran armonía que nos puede aportar un patrón geométrico estable, simétrico y armónico.

Debemos tener presente que, la constancia y la repetición de las formas, según esos descubrimientos recientes (esta teoría data de 1981) no se explica jamás por las leyes físicas conocidas hasta ahora. Por ejemplo, cada vez que se forma un átomo, los electrones ocupan los mismos orbitales alrededor del núcleo de dicho átomo. A su vez, los átomos se combinan entre sí repetidamente, dando lugar a las mismas formas de moléculas. Cuando las moléculas cristalizan, forman los mismos patrones y realizan las mismas funciones. En una especie vegetal determinada, por ejemplo, sus semillas generan plantas del mismo aspecto, año tras año.

Los animales, generación tras generación, manifiestan los mismos hábitos y las mismas formas de su organismo específico. Las formas en la naturaleza se originan repetidamente y los hombres las podemos reconocer y clasificar. Esta repetición formal no viene determinada por leyes físicas inmutables; si así fuere, podríamos predecir con antelación y exactitud los efectos de una mutación dada en el ADN de un ser vivo determinado, y no es así; nunca podemos hacer una predicción exacta de la forma que tendrá un nuevo ser.

Así pues, según la hipótesis de la causación formativa, la constancia y repetición de las formas de todos los sistemas químicos y biológicos, no están determinadas únicamente por las leyes físicas ni biológicas hasta ahora reconocidas, sino por la asociación del mismo tipo de campos morfogenéticos, con sistemas existentes anteriores (o cercanos).

No obstante, es cierto que ha habido varias respuestas a lo largo de la historia a la pregunta de cómo se determina una forma particular de cada campo morfogenético (su forma virtual...). La posible respuesta platónica, e incluso aristotélica, sería suponer que los campos morfogenéticos son eternos. Esta suposición da por sentado que detrás de todo fenómeno visible y experimentable, existen principios preexistentes de 'orden'. La respuesta de Sheldrake es muy distinta: *'las formas de la naturaleza se repiten debido a una influencia causal de formas similares anteriores, influencia que actúa a través del espacio y del tiempo'.*

El principio de resonancia mórfica es sumamente trascendental en su hipótesis y concepción, aunque a veces resulte difícil de expresar o incluso de creer, ya que este campo mórfico o áurico no se puede ver, ni medir, como el campo electromagnético Utilizando analogías dentro del terreno de las energías hoy medibles, podemos facilitar su comprensión por ejemplo diciendo que, la resonancia 'energética', se produce cuando un sistema es impulsado por una fuerza alternativa que coincide con su frecuencia, como la vibración simpática de las cuerdas estiradas de un instrumento musical, en respuesta a ciertas ondas sonoras de su misma frecuencia.

Otro buen ejemplo es la sintonización de los aparatos de radio, a la frecuencia de ondas emitida por una emisora. O bien, cuando vemos un objeto de color; es el caso de la absorción de ondas luminosas, de una frecuencia determinada, por parte de átomos y moléculas del objeto, que dan lugar a su aspecto coloreado específico. En todos los ejemplos que podamos poner, el principio de selectividad es común: entre varias vibraciones, el sistema responde únicamente a las de una frecuencia determinada. Eso es energía, pero no es un campo mórfico o estructural.

La resonancia mórfica es análoga (aunque no igual) a la resonancia energética. Pero además, y eso es muy importante, tiene lugar entre sistemas que vibran. Todas las unidades mórficas, todas las formas existentes, están en constante vibración (emiten ondas de forma y crean campos mórficos) y presentan siempre un 'ritmo interno'. Es decir: las formas existentes siempre son dinámicas, no estáticas como solemos pensar.

Pero mientras la resonancia energética responde únicamente a estímulos unidimen- sionales, la resonancia mórfica responde a patrones de vibración tridimensional. Esa es desde luego otra gran innovación. La forma de un sistema se hace 'presente' ante cualquier sistema posterior, precisamente por ese patrón *espacio-temporal*. La influencia mórfica de un sistema pasado, puede hacerse presente en un sistema actual similar, a través del espacio y del tiempo, 'reapareciendo' en el lugar (espacio) y en el momento exacto (tiempo) en que se produzca un patrón de vibración similar.

Si los seres humanos, cada uno como una unidad mórfica y biológica de este planeta, aprendemos y nos desarrollamos a través de este proceso de resonancia y, además de poseer una conciencia egoica individual, somos parte de una 'conciencia colectiva' que nos aporta información procedente de otras conductas anteriores (ancestros, o quizá habitantes de la zona) entonces cabría suponer que cada acto, cada decisión, cada aprendizaje, cada pensamiento, cada propósito, anhelo o intención en nuestra existencia, trasciende no solamente a nuestros hijos y sucesores, sino a todo ser viviente contemporáneo de nuestra especie, incluso si está en el lado opuesto del planeta.

Si yo medito, por ejemplo, de alguna manera repercute en la persona que se encuentra al otro lado del mundo, repercute sobre mi antípoda, o en mi vecino. Si yo me enfado, por ejemplo, también los demás lo captan de algún modo y, por tanto, les llega la influencia, precisamente por ese fenómeno de la resonancia mórfica. Es interesante ver que en esta teoría no se habla solamente de formas estéticas y biológicas sino también de comportamientos, de hábitos, de sentimientos, de psicología...

Todo ello, además de implicar una responsabilidad existencial y ética enorme, significa que, según la ley de resonancia, estamos continuamente recibiendo una enorme influencia del comportamiento de infinidad de personas, en especial si vibran exactamente en una frecuencia similar. Esto explica (independientemente del enorme poder e influencia de los medios de comunicación) la influencia inevitable de los fenómenos de las modas y tendencias modélicas, las ideas religiosas y políticas, la influencia en nuestras células de las grandes epidemias, el fenómeno de los inventos del mismo tipo realizados en diferentes partes del mundo y durante la misma época...

La resonancia mórfica incluso explicaría lo que en la cultura esotérica se denominó *los egrégores* y, sobre todo, explicaría también la existencia y el funcionamiento del cuerpo etérico y acupuntural del ser humano. Esta influencia continua de vibraciones y patrones de comportamiento, esa información etérica tridimensional transmitida por resonancia mórfica, podría explicar también, por ejemplo, muchas de las patologías que existen en la actualidad, enfermedades con pocas explicaciones médicas satisfactorias, respecto a su existencia y a su propagación.

Pero al mismo tiempo podríamos ver que, del mismo modo, deben existir ciertos mecanismos de defensa o de repulsión de estas vibraciones (no acoplamiento), mecanismos que hacen que no entremos en resonancia con los emisores de esos campos mórficos. No todo el mundo entra en la misma corriente de modas, costumbres, ideas o enfermedades y parece que 'les resbala' toda influencia recibida; quizá este fenómeno también se deba al tipo de vibración diferente, al rango específico de frecuencias del individuo receptor, respecto a las ondas distintas que las del individuo emisor.

Dentro de la misma especie humana, creo que cada individuo debe tener un tipo de frecuencia vibratoria 'muy determinada' o específica. Solo es sensible a ciertos factores o vibraciones de aquella misma frecuencia o 'sub-frecuencia'; por lo tanto, este individuo no podrá ser jamás 'un caldo de cultivo' de otros comportamientos colectivos o vibraciones (por falta de resonancia con aquella frecuencia), ni podrá entrar jamás en aquella moda, en aquella idea, en aquel tipo de enfermedad, en aquella influencia. La 'protección' energética vendría a ser eso. Solo sintonizamos con las frecuencias que 'ya están' dentro de nosotros (si no lo están... toda influencia resbala y no encaja).

Con ello quiero decir que, si determinados seres humanos van elevando su vibración mediante métodos sutiles y disciplinas que los sensibilicen o los sublimen, precisamente por su grado de evolución espiritual, o de la calidad humana estos hombres y mujeres, se van haciendo 'inmunes' a ciertas influencias energéticas y mórficas de baja frecuencia... hasta llegar al punto de estar totalmente 'fuera de sintonía'. Si así fuera, estos hombres de alta vibración sólo sintonizarán con seres humanos de la misma índole o grado de evolución. Y nuestros logros repercutirán, por el mismo fenómeno de resonancia, con otros seres, lejanos o próximos, de la misma calidad humana y vibratoria. De hecho, es así como ocurre en la práctica.

Por otro lado, si los campos morfogenéticos son estructuras o patrones vitales que se repiten a través del espacio y del tiempo de forma tridimensional, y se repiten a su vez a través de unas *creodas* o vías de canalización, puede suponerse que, además de tener una influencia de los campos de generaciones pasadas, tengamos también una influencia de comportamientos y formas futuras. Incluso Rupert Sheldrake contempla esta posibilidad y dice textualmente: '...*la idea de que los sistemas futuros, los que todavía no existen, pueden ejercer una influencia causal 'retrospectiva' en el tiempo, es lógicamente concebible...*', pero evidentemente, faltan aún pruebas empíricas para que este hecho sea válido para las mentes científicas ortodoxas. Por eso es aún una hipótesis y no una teoría científica.

Sin embargo, el mecanismo de la resonancia mórfica no está atenuado por el paso del tiempo o por la distancia en el espacio, como lo demuestran los diferentes experimentos relatados en su libro, estudios realizados con animales, vegetales, cristales, incluso con cristalizaciones recién sintetizadas, experimentos realizados todos ellos en laboratorios que se encuentran a grandes distancias entre sí. Entonces ¿cómo tiene lugar realmente esta resonancia entre las formas?

Tal vez este tipo de fuerza que estudia Shelldrake está conectada mediante otras dimensiones diferentes, más allá de la tercera dimensión, lo cual significaría que pueden existir ciertos puntos de contacto y comunicación entre nuestra dimensión actual y la cuarta dimensión, por ejemplo, y naturalmente también con otras dimensiones superiores e inferiores. ¿Se explicarían así las llamadas puertas dimensionales? Quizá la influencia mórfica y energética de otras entidades (pasadas, futuras o eternas) esté siempre presente en todas partes. Esto implicaría cambiar nuestros paradigmas de espacio-tiempo hasta ahora vistos de manera muy limitada y simplista.

Suponiendo que la realidad última está vibrando en un 'no-espacio, no-tiempo' (como dice Sheldrake) cabría decir que todo *está ocurriendo ahora* y existe simultáneamente. Por lo tanto, los patrones cósmicos universales, las semillas de fuerza y las creodas o vías de canalización de estas formas, están aquí y ahora, es decir: nosotros somos también parte de ellas.

Tal vez 'somos la creación'... en constante creación. Quizá todo ser vivo sea una semilla del cosmos y contenga dentro de él esos patrones no dimensionales, todos contenemos esa información del Todo. Resonando con esa idea, la pregunta se hace pues evidente: ¿los seres humanos somos tal vez hologramas?

Además de la trascendencia que puede conllevar esta hipótesis en el futuro, todo lo expuesto en ella nos puede hacer reflexionar mucho respecto al rol del Sistema Geocrom y a otras formas terapéuticas parecidas, es decir, a la influencia en que estas formas geométricas, matrices o patrones vitales, arquetipos o 'semillas' contenedoras de información, pueden ejercer sobre los seres humanos. Recordemos que cada simple semilla, contiene a todo un árbol, con sus flores, sus frutos, sus raíces, sus ramas, sus hojas, su sabia; toda la información formal de cada parte del árbol está contenida en la pequeña cápsula de una pequeña semilla.

Del mismo modo, cada patrón geométrico puede contener y condensar la información del crecimiento armónico del Universo. Creo, en definitiva, que el hecho de utilizar terapéuticamente unos modelos geométricos armónicos debe generar en nosotros una resonancia con las formas arquetípicas universales, lo que produce un impacto en el supraconsciente y también en el subconsciente del individuo, por lo tanto, genera un impacto o impulso en sus sentidos, en sus emociones, en su cuerpo, en sus comportamientos y en niveles incluso más profundos de su ser. La utilización inteligente de la geometría, viene a representar así un encuentro directo entre Forma y Espíritu.

18 · PLANILANDIA, 2 D Y OTRAS DIMENSIONES

Después de tanta información del hemisferio izquierdo, vamos a dejar volar nuestro hemisferio derecho durante este pequeño capítulo más lúdico y ligero. Imaginemos por un momento cómo podría ser un supuesto mundo de dos dimensiones; tal vez hagamos también alguna incursión por la cuarta u otras dimensiones, para activar así nuestra imaginación y llegar a suponer *cómo podría ser la vida en todas las otras dimensiones* existentes de este complejo multiverso que nos acoge. Aunque no lo parezca, esa placentera incursión imaginativa nos proporcionará una buena educación geométrica. En mí, lo hizo.

Para imaginar la segunda dimensión (2D) vamos a suponer la existencia de unos seres bidimensionales viviendo sobre una mesa. Son seres viviendo en dos dimensiones, como los que trazamos en un dibujo sobre un papel, es decir una superficie que tan solo tiene alto y ancho, pero no profundo, no tienen cuerpo volumétrico, es decir, son totalmente planos.

Por ejemplo, para poder encarcelar a un criminal, los planilandeses simplemente trazan un círculo a su alrededor. El hombre plano o de 2D, ahora está en una cárcel de la cual no puede salir; no importa en qué dirección se mueva el criminal, ya que él tropieza siempre con un círculo a su alrededor que le resulta impenetrable.

Sin embargo, para nosotros, los habitantes de la tercera dimensión (somos seres tridimensionales) poder sacar al prisionero de la cárcel, nos resulta algo realmente muy sencillo. Simplemente cogemos al planilandés del papel, lo sacamos de su círculo y lo volvemos a depositar en otra parte de su mundo, al otro lado de la mesa. Lo haríamos como cuando recortamos una muñeca de papel y la ponemos en diferentes sitios.

Pero para ellos, los de 2D, lo que nosotros acabamos de hacer es un hazaña increíble, puesto que su colega ha desaparecido repentinamente, se ha desvanecido en el aire y ha aparecido de nuevo en otra parte. Si nosotros, los habitantes de 3D, explicamos al planilandés que su amigo 'se movió hacia arriba', ellos no comprenderán nada de lo que estamos diciendo. Para ellos la palabra *arriba* no existe en su vocabulario ni pueden visualizar o procesar el concepto del volumen, de profundidad, de la tercera dimensión. El planilandés consideraría mágicos nuestros poderes, pero nosotros sabemos que no se trata de magia sino de una perspectiva más ventajosa. Interesante, no?

Supuestamente, también los órganos internos de un habitante de Planilandia deben ser completamente visibles para nosotros, de la misma manera que podemos ver la estructura interna de las células en un preparado de microscopio. Si el planilandés se oculta, por ejemplo, nosotros podemos verlo perfectamente. Un ser de dos dimensiones tampoco debe tener sombra, así que, todo el concepto de 'polaridad' debe ser completamente distinto para ellos. Nosotros para ellos somos seres extraños con un poder extraordinario, de la misma manera que los seres de cuarta o quinta dimensión lo resultarían para nosotros los de 3D.

Ahora imaginemos otro plano existencial distinto del que estamos acostumbrados a 'ver'. Viviendo en la cuarta o la quinta dimensión, tal vez podríamos atravesar paredes y montañas o quizá ver a través del acero. A lo mejor podríamos ver hechos ocurridos a distancia con nuestros ojos tipo rayos x, o quizá ver cosas enterradas bajo una superficie, por ejemplo, o tal vez podríamos desaparecer y re-materializanos en cualquier otro lugar.

Si viviéramos en dimensiones superiores a la 3D, podríamos incluso sacar los gajos de una naranja sin cortarla, por tanto, seríamos unos cirujanos perfectos sin necesidad de cortar tejidos. Tampoco ninguna prisión podría contener a un criminal. En un mundo de 4D o 5D seríamos omnipotentes y hacedores de milagros, pero seríamos un ser completamente normal en 3D. El potencial de nuestras acciones, movimientos y facultades sería mucho mayor en las dimensiones más altas, es decir, seríamos completamente distintos en otras realidades o planos existenciales, puesto que contienen más magnitudes, contando con el tiempo y el espacio entre ellas.

Una de las historias más divertidas que he conocido respecto a las vicisitudes de la segunda y la tercera dimensión es la novela de Edwin Abbot, escrita en 1884, de la que se llegaron a realizar nueve reediciones hasta 1915. La historia se llama precisamente 'Planilandia', con un largo subtítulo que ahora no recuerdo, y hace referencia precisamente a los polígonos geométricos así que, en el contexto de este libro puede ser interesante y pedagógico resumir esta obra, además de relajante.

El héroe de la novela se llama Mr. Cuadrado, un caballero muy conservador que vive en un país bidimensional donde todo el mundo es un objeto geométrico. La sociedad en aquel mundo está estratificada; por ejemplo, las mujeres, en Planilandia, son meras líneas, sin embargo, los nobles son polígonos, mientras que los sacerdotes son círculos. Cuantos más lados tenía una persona, mayor era su nivel social. La discusión estaba prohibida en la segunda dimensión; cualquiera que la iniciaba o la insinuaba, era sentenciado con un severo castigo.

Un buen día, Mr. Cuadrado fue visitado por un misterioso personaje, Lord Esfera, un ser tridimensional. Este raro individuo se le apareció a Mr. Cuadrado como un extraño círculo que podía cambiar de tamaño. Lord Esfera trató de explicar pacientemente al planilandés que él provenía de otro mundo llamado Espacilandia, un lugar donde todas las cosas y los seres tienen tres dimensiones.

Pero Mr. Cuadrado no creyó nada de lo que aquel hombre grueso le decía, ni quedó convencido de las raras explicaciones de aquel extraterrestre; se opuso rotundamente a que pudiera existir una tercera dimensión. Entonces Lord Esfera decidió ir más allá de las palabras y demostrarle la 'tercera dimensión' con hechos reales. Sin pensarlo dos veces, sacó al planilandés de su mundo y lo arrojó a Espacilandia.

Para Mr. Cuadrado aquel viaje fue una experiencia fantástica, casi mística... algo que le cambió la vida por completo. Mientras Mr. Cuadrado flotaba en la tercera dimensión como una hoja de papel, tan sólo pudo visualizar cortes bidimensionales de Espacilandia. Al ver tan sólo las secciones de las cosas en tres dimensiones, Mr. Cuadrado percibió un mundo donde los objetos cambiaban de forma e incluso aparecían y desaparecían en el aire.

Al cruzarse con un ser humano, a Mr. Cuadrado le pareció ver un objeto aterrador. Podía ver dos óvalos de cuero, sus zapatos. Cuando su cuerpo plano se desplazaba hacia arriba, estos dos óvalos cambiaban de color y se convertían en círculos de tela gris (los pantalones). Estos dos círculos se fundían en un círculo mayor (la cintura) para luego transformarse de nuevo en tres círculos, el del centro mucho mayor que el de los lados (el tronco y los brazos).

Mientras continuaba flotando hacia arriba, los tres círculos de tela se fundían en un círculo de carne, que luego se convertía en una masa plana de pelo y luego, la cosa desaparecía bruscamente, mientras él flotaba sobre las cabezas de los habitantes de Espacilandia. Para él los seres humanos resultaron ser una masa enloquecida de círculos muy móviles, hechos de piel, tela, cuero y pelo.

Pero cuando Mr. Cuadrado trató de explicar a sus amigos planilandeses las maravillas que había visto en su visita al mundo de tres dimensiones, lo consideraron un maníaco charlatán. Se convirtió en una amenaza para los sumos sacerdotes, simplemente porque se atrevió a desafiar la creencia sagrada de que solamente pueden existir dos dimensiones. La novela, escrita increíblemente hace más de un siglo, cuando la física estaba aún en pañales, acaba realmente muy mal...

Tanto los viajes alucinantes que en ella se realizan, como el propio argumento en sí mismo, es realmente interesante analizarlo con la perspectiva de hoy. Podríamos preguntarnos cómo se replican estas historias en la vida misma del siglo XXI, adoptando este simple ejemplo de Mr. Cuadrado y la respuesta de los 'sumos sacerdotes', aplicándolo sobre todo a nuestro momento actual médico, farmacológico y científico.

De la misma manera que se explica en la novela de Abbot, si a nosotros se nos sacara de nuestra tercera dimensión y se nos lanzara de repente a las otras dimensiones superiores, descubriríamos que nuestro sentido común resulta inútil. Cuando nos moviéramos en la cuarta o quinta dimensión, incluso en otras esferas de conciencia existentes, podrían aparecer manchas de 'nada' que cambiarían constantemente de color, de tamaño y de composición, desafiando (estas 'nuevas' formas y luces) las reglas de toda lógica.

Para distinguir las cosas, las criaturas de 4D o de otros planos, tendríamos que aprender a reconocer sus manchas distintivas, sus colores y patrones cambiantes, su particular geometría y sus leyes matemáticas y físicas, leyes que poco deben tener que ver con las leyes conocidas hasta

GEOMETRÍA SAGRADA SANADORA

ahora desde nuestra tercera y maravillosa dimensión; sin embargo, estas leyes hay que 'reconocerlas' primero, para luego 'trascenderlas'.

La nuestra es una dimensión a la cual estamos tan y tan apegados, que ni siquiera podemos imaginarnos cuales podrían ser las distintas clases de formas y luces del resto del universo. En todo caso intuyo que experimentar, sentir internamente, o proponerse comprender todas esas maravillosas leyes armónicas (en lugar de negarnos a lo desconocido), entre ellas las leyes geométricas y proporcionales que subyacen a toda realidad, nos haría partícipes y 'conscientes' de esa inmensa y sabia complejidad a la que hemos llamado escuetamente 'cosmos'.

19 · LOS FRACTALES Y LA TEORÍA DEL CAOS

El movimiento de una mariposa en Brasil genera un tornado en Texas, dijo Edward Lorenz, en Massachussets. Este 'efecto mariposa' es una buena metáfora para describir que... cualquier pequeño cambio, puede evolucionar y tomar dimensiones extraordinarias. Tal vez nos pueda parecer que el término 'caos' se refiera al desorden, pero de forma contraria, el caos, internamente, sigue un tipo determinado de orden. Nos lo demuestra sobradamente la *entropía* propia y necesaria de la naturaleza, puesto que si no existiera el otro, el invierno y la muerte, no existiría la primavera y el renacer de la vida.

La Teoría del Caos estudia básicamente sistemas dinámicos complejos. Estos sistemas aparecen constantemente en la naturaleza, incluso en la economía, y pueden ser representados matemáticamente como sistemas de ecuaciones simples. Eso permite transformar en *leyes* algunos sistemas de diferentes tipos y entenderlos, lo que comporta que esa reciente teoría sea 'interdisciplinaria', hecho que a mí particularmente me fascina pues no hay muchas que integren coherentemente varios campos al mismo tiempo.

La 'geometría fractal', una de las visiones más recientes de la física, es la que determina si un sistema es caótico o no. Los fractales son una nueva manera de 'escribir' la geometría, una manera diferente de describir la geometrái euclidiana, que como hemos visto, describe líneas, o polígonos, o cubos, en la primera dimensión 1, en la segunda, e incluso en la tercera dimensión en queque vivimos. Pero el fractal, introduce el concepto de *geometría fraccionaria*, una dimensión intermedia entre la primera dimensión (la línea) y la segunda dimensión (el área). El fractal describe que los objetos son *autosimilares y son variables en escala*, es decir, proporcionales. Cada parte es igual e idéntica a otra, solo que en diferentes medidas. Si se reduce el original, éste aparece igual que una de las partes del objeto.

El primero en hablar de fractales fue Benoit Mandelbrot, en 1979, un matemático de IBM el cual resolvió una ecuación matemática infinitas veces sobre cada uno de los puntos de un plano de un ordenador y luego, coloreó cada punto de una forma diferente, lo que dio por resultado una figura que se llamó *set de Mandelbrot*. Eso son los fractales matemáticos que se crean dentro de un ordenador; pero en la naturaleza existen muchos objetos que tienen características similares. El ecólogo Robert May demostró en la década de 1970 que, una ecuación determinada, tenía un conjunto infinito de comportamientos complejos y propuso que eso no era un fenómeno teórico sino real y constatable en la naturaleza.

Cuando se analizan los sistemas de la naturaleza se puede constatar que su comportamiento nunca se repite de la misma manera; la única forma de no repetirse nunca es precisamente que se mueva sobre un fractal. Es el caso de una epidemia de la gripe, por ejemplo. Parece que la evolución de la epidemia no tenga ningún orden, pero se puede predecir su dinámica con tan solo cuatro ecuaciones. En la actualidad la Teoría del Caos y la visión fractal de la realidad existencial, se ha podido aplicar mucho en la ecología.

Los ecosistemas tampoco están realmente en equilibrio, sino que todos los ecosistemas son caóticos. Si fuesen regulares, cualquier causa externa podría acabar para siempre y de golpe con un ecosistema entero, mientras que, si es desequilibrado y tiene picos, eso ayuda a su propio mantenimiento y conservación. Ese concepto es muy interesante para entender también la utilidad de nuestros desequilibrios psicológicos y el gran 'sentido' evolutivo que nuestras alteraciones conllevan.

El hecho de que un sistema caótico responda a cierto tipo de orden, permite que, manipulando alguna de sus variables, este orden se convierta en cíclico. Eso se puede utilizar por ejemplo en el control del caos del cerebro, la epilepsia, etc. En múltiples pruebas realizadas, desgraciadamente con animales, los hombres de ciencia han podido 'ordenar' su cerebro... y volver a desordenarlo. La utilización de la geometría fractal permite establecer si un sistema es susceptible de ser estudiado como caótico o no.

La gran diversidad formal de la naturaleza circundante nos puede dar tal vez una sensación de desorden, o de una evidente *asimetría*, quizá de improvisación o de exceso de variedad, algo que siempre nos despista. Incluso nos puede hacer pensar que, eso de que la geometría está en todas partes, o que podemos reordenarnos, curarnos y equilibrarnos bajo la utilización coherente de la geometría, es pura falacia. Ninguno de nosotros podemos 'ver' la geometría y el orden en la naturaleza, pero está inscrita en ella y obedece a sus leyes. La propia entidad de la Armonía del universo, como una fuerza natural, vive y se mueve como un sistema fractal que se reproduce geométricamente a sí mismo, hasta en nuestra cotidianeidad.

Como dice Sheldrake, todo sistema, es una *memoria colectiva*. Nosotros somos parte de los sistemas de la naturaleza, no somos tan sólo espectadores de esos sistemas. Eso es importante recordarlo constantemente. Pertenecemos a un complejo abanico de sistemas naturales, las proporciones armónicas y las leyes de la geometría inteligente, son parte de ese abanico plural, son precisamente las matrices de su propio crecimiento vital. Esa es la razón por la que necesitamos tanto la fuerza de la armonía en cada objeto creado, en cada acto realizado, o en cada pensamiento emitido, porque… la Armonía, como el Amor, forma parte de nuestra naturaleza interna.

La armonía es una fuerza vital que todos, y hoy más que nunca, buscamos. La buscamos no para estar más cómodos sino por alguna razón evolutiva muy profunda, posiblemente inconsciente, por una razón que aún no podemos racionalizar. Sin embargo, esa búsqueda que parece solo mística, es un hecho real. Es una realidad existencial, pero también vemos que es una realidad comercial, una realidad artística y formal, aunque detrás de esa estética y de ese marketing, exista una realidad interna y una necesidad espiritual. El encuentro de la armonía en nuestra vida es un fenómeno de necesidad energética, incluso diría que es una necesidad psicológica y médica de primer grado. Recordemos que Platón, definió la Armonía como uno de los grandes puntales del conocimiento, a través del cual el ser humano evoluciona y expande su grado de conciencia espiritual.

20 · RESONANCIA ENERGÉTICA EN GEOMETRÍA

Inmersos completamente en esta visión científica sobre los valores de las fuerzas de la naturaleza, los principios activos de las formas existentes y los campos de energía que de ellas proceden, también podemos preguntarnos ahora ¿qué es realmente una obra de arte desde el punto de vista energético?En adelante revisaremos un campo aparentemente muy distinto, el mundo del arte, pero observándolo ahora con otros ojos, con una visión más amplia de la que se ha empleado hasta ahora en el campo de la estética y las humanidades; hagamos un esfuerzo multidisciplinar, ya que la ciencia nos ha educado. Recordemos que... todo es energía.

Cada cuadro, escultura, artesanía, diseño, o catedral... ¿también esos objetos emiten ciertas ondas de forma? ¿también se crea un campo mórfico alrededor de esos objetos que nos afecta? ¿qué se entiende exactamente por el estado de 'inspiración' de los artistas? ¿conectan ellos, en su inspiración, con esas energías inteligentes del universo y las re-crean para los hombres de la Tierra?

Picasso a menudo decía: *'Yo no busco, encuentro'*. Aunque esta frase en el contexto artístico ha sido realmente muy polémica por su aparente prepotencia, en mi opinión lleva implícito un sutil mensaje de gran respeto a la creación, una creatividad inherente de la propia Vida, más allá de la imaginación o la capacidad creativa de cada artista. Al decir que él 'encontraba' el arte, que no lo buscaba, Picasso nos proporciona a la vez un sutil consejo: el de 'dejarse fluir', dejar que el arte te encuentre a ti, permitir que tu creatividad sea cómplice de la del universo, permitir que la energía que dio lugar a la Creación, toque ahora tu sensibilidad y entonces tú expreses su fuerza, no la tuya, que plasmes en el papel o en el espacio la propia fuerza del universo. Tú eres tan solo el traductor de infinitas Formas del universo, formas que ya existen en el aire antes de su concepción y de su plasmación.

También en el Renacimiento Miguel Ángel Buonarotti decía (cuando se plantaba frente a un inmenso bloque de piedra bruta) que él solo sacaba lo que sobraba del gran bloque de piedra. De esta manera aquel magnífico artista fue esculpiendo sensiblemente el mármol, haciendo brotar de él magníficas y contundentes esculturas, formas humanas y gestos que tanto nos deleitan con la fuerza absoluta de la armonía que desprenden. Miquel Ángel realmente creo que fue uno de los mejores traductores o 'mediadores' de la energía creadora universal.

Actualmente existe una tendencia artística que piensa que 'el arte sólo puede pretender dos cosas': extasiar, o denunciar. Una obra de arte... o bien pretende buscar la belleza y la armonía, o bien pretende mostrar al mundo lo que no está bien, quejarse y protestar. Me estoy refiriendo sobretodo al arte más vanguardista (en la especialidad artística fotográfica, por ejemplo, creo que esa es una definición muy acertada, o es fotografía de denuncia, o es fotografía de belleza). Sin embargo, la actitud taoísta frente al arte dice que 'el contenido del arte son los estados de ánimo y el objeto del arte es transmitirlos'.

Interpretando ampliamente el Tao diríamos que el término 'ánimo' se refiere tanto a sentimientos como a sensaciones, pensamientos, ideas, inspiraciones o visiones. La posibilidad que tiene el hombre de transmitir esos 'estados de ánimo' estriba precisamente en la existencia de todos esos fenómenos de resonancia entre seres o sistemas. Resonancia, empatía o acoplamiento entre campos mórficos y holográmicos, entre patrones o modelos formales que resuenan con los propios patrones geométricos internos, anímicos y orgánicos.

Un buen exponente de este concepto es una frase escrita por el teórico y gran artista contemporáneo Pablo Palazuelo: *'Las formas geométricas, así como las energías que por ellas o a través de ellas se manifiestan, se hallan tanto fuera del hombre como en él. El artista da cuerpo, da forma gráfica a esa energía, con las cuales resuena, puesto que son energías arquetípicas, es decir, que también forman parte de la psique del hombre'.*

Esa posibilidad de 'resonancia' se basa precisamente en la existencia de 'similitud de estructuras', llamadas científicamente isomorfismos. En este capítulo puente entre la ciencia y el arte, vamos a ver que no solo podemos aplicar el gran concepto del isomorfismo o empatía forma al terreno artístico sino también al terreno psicológico, etnológico, lingüístico, económico, filosófico, científico, terapéutico y probablemente a otros muchos campos de expresión.

En los cincuenta y en los Estados Unidos, surgió una corriente de pensamiento llamada Estructuralismo, de la cual nació esta nueva visión de la similitud entre las estructuras. De hecho, fue el gran antropólogo francés Claude Lèvi-Strauss quien introdujo el método estructuralista en Europa, lugar donde el isomorfismo llegó a convertirse en un hecho cultural de primera magnitud. Así mismo, el biólogo Ludwing von Bertalanfty propuso la 'Teoría General de Sistemas', una ciencia que estudia las leyes matemáticas y morfológicas comunes que subyacen a los fenómenos de diversos campos aparentemente diferentes. Es decir, Bertalanfty encontró leyes comunes entre disciplinas tan dispares como la física atómica, la demografía, la economía o la biología, entre otras (aunque el estudio fue hecho básicamente en estos cuatro campos).

El objetivo de la Teoría General de Sistemas era encontrar isomorfismos o correspondencias de estructura entre fenómenos muy diversos para aplicarlos a modelos científicos de *causa aún incomprensible*. Para entender mejor su trabajo científico (y porque me parece una teoría multidisciplinar modélica) pondré un ejemplo de lo que es un isomorfismo, ejemplo propuesto por el propio autor. Dice que existe una similitud de estructura entre fenómenos tan diferentes como 'el crecimiento de la población de una ciudad', 'el número de átomos que se descomponen dentro de un elemento radioactivo', 'el crecimiento de la renta nacional' y 'la propagación de un virus'.

No hace falta decir la cantidad de conocimientos y datos que uno debe barajar simultáneamente para realizar este interesante trabajo antropológico-científico-social. Estos procesos o sistemas son incluso descritos y definidos por una fórmula matemática deducida por el propio biólogo. Su teoría fue magníficamente demostrada. Más allá de la gran idea y de toda su compleja metodología de trabajo, lo más interesante es el propio contenido de dicha teoría, sus premisas, unos datos tan diversos pero correlacionables y la sorprendente sinapsis que existe entre ellos. Lo más importante y lo que realmente nos enseña es que, según palabras de Bertalanfty: la 'similitud' de las formas y las estructuras es precisamente 'lo que produce' una resonancia entre los seres, los sistemas y los diversos tipos de energías existentes. Esa idea no parece estar tan lejos de la visión de Shelldrake...

Recordemos que en los fenómenos de ondulación, la 'resonancia' se define como la vibración del mismo tipo, o el acoplamiento de la misma frecuencia. Se trata también del conocido y cotidiano fenómeno de la *empatía* y la *sintonía*. De hecho, estamos hablando del viejo postulado chino de la 'armonía universal' y de la interrelación de todos los fenómenos existentes (Teoría de los Cinco Elementos). También se trata del principio de sincronicidad, comentado por mí en otros libros porque siempre me parece una de las claves de la evolución y de la comprensión de la Realidad.

En una interesante e ilustrativa metáfora, este mismo concepto se llegó a expresar así: Cuando Chuang Tzu cruzaba el río Hao con su amigo Hui Tzu, le dijo: 'mira con qué libertad saltan y nadan los peces, ésta es su felicidad'. Hui replicó: 'Si tú no eres un pez ¿cómo sabes qué es lo que hace felices a los peces? A lo que Chuang respondió: 'Yo, conozco el gozo de los peces en el río, por el gozo que yo siento al caminar junto al mismo río'. Y eso es lo que nos ocurre a todos y cada uno de nosotros cuando estamos en algún lugar, o cuando estamos junto a alguien o cerca de algo.

Este principio de resonancia entre todo lo que existe en la vida, así como el concepto de empatía o de relación armoniosa entre las formas, no sólo se da en las ondas sonoras y con la música, sino que pertenece a todo el gran contexto energético y complejo dentro del cual vivimos. Siempre que existe una relación entre dos cosas o entes, se produce cierto movimiento. Y el movimiento... es vibración y vida. Todo movimiento o fluido, en realidad siempre se presenta de forma multidireccional, como el fenómeno de la ebullición. Incluso añadiría que también se presenta en forma 'multidimensional' puesto que lo que hacemos en la Tierra afecta a todo el cosmos entero. Lo que se muestra en la tercera dimensión... también puede resonar en la quinta o en la séptima dimensión.

El ser humano en realidad no es quien crea o quien gobierna la materia, sino todo lo contrario. Se puede decir que la materia-energía nos invade nos penetra y nos vivifica. Einstein lo sabía muy bien y eso guió e iluminó su gran trabajo. Somos y existimos dentro de esa fuerza. Esta sustancia conjunta que podríamos llamar 'materia-energía', es nuestro principal sustento, vivimos de y con ella, de la misma manera que el pez invadido por el agua no puede vivir sin su contexto y su fluido. Esta comunión íntima entre materia y energía nos envía señales y órdenes continuamente, aunque no siempre lo percibamos. Ante ese paradigma energético se deduce, una vez más, que todo lo observado altera al observador; de la misma manera que el observador altera lo que está observando. Lo que nosotros llamamos realidad, no está fuera de nosotros, sino que formamos un Todo con ella.

El filósofo confucionista Wang-Yang (S. XV), por ejemplo, consideraba que la materia y la psique no son dos entidades que existen independientes la una de la otra, sino que coexisten formando un 'contínuum' de materianergía. Podría decirse, tal vez de forma muy global y simplista, que el espacio es energía y que, dicha energía, siempre tiene alguna forma peculiar y una expresión determinada. Eso es una realidad constatable, sobre todo en física como hemos visto, ya que no se conoce la existencia de energías 'amorfas', es decir, que no se puedan ver sus efectos. Siempre podemos constatar y experimentar la energía, no importa si es una energía sonora, calorífica, eléctrica, atómica, magnética, cósmica, mental, emocional, gravitatoria, formal, geométrica, cromática, anímica. Aunque no la veamos, siempre existe y la experimentamos.

Ese aliento de vida, esa gran Energía vinculada eternamente a la Materia, siempre tiene alguna forma de expresión. O tiene varias, pero procede de la misma matriz. Eso es lo que buscamos, la matriz de todo lo existente. Es evidente que nuestra energía personal, nuestro cuerpo, nuestra mente y nuestra alma, también puede relacionarse y empatizar con todas las energías del mundo y del cosmos, en una relación coherente y armónica de identidades.

Tal vez mi hipótesis de trabajo, la visión Geocrom y el método de la Geocromoterapia que yo propongo emplear para sanar y evolucionar más ágilmente, es decir, el hecho de utilizar coherentemente las formas geométricas a modo de esquemas universales, integrándolos en el ser humano mediante el fenómeno de la luz, no sea más que una primera siembra en el terreno médico, psicológico y humanista del futuro.

Sé perfectamente que queda mucho por hacer en este terreno. El intento en sí mismo es sobre todo sembrar un nuevo medio inteligente de armonizar o curar, de equilibrar y apoyar el proceso de desarrollo humano, pero a la vez, es un sistema efectivo de ayuda espiritual y de desarrollo anímico consciente, según la experiencia obtenida hasta ahora. Hemos constatado en cientos de ocasiones que el empleo de los filtros geocrom amplifica la conciencia humana y equilibra nuestros procesos integralmente.

El nuevo sistema en sí mismo, así como muchas otras visiones que surgen y surgirán a partir de ahora, métodos que emplean también los principios de la física, los campos energéticos de la geometría, el tejido holográfico, las proporciones matemáticas, y diversas fuerzas codificadas y radiaciones sutiles, se basan todos ellos en un nuevo paradigma de la realidad existencial, que apunta hacia el tejido de la creación misma y hacia la evolución de un ser humano consciente de su origen natural y de su potencial.

Mi trabajo es una apuesta por un nuevo concepto existencial; ya no una nueva concepción de la sanidad y de la medicina vibracional, algo que substituya los antibióticos y los anti-inflamatorios por esencias florales, filtros, arquetipos o frecuencias diferentes; ni es una nueva concepción de la medicina psicosomática y espiritual, que a menudo ignora el cuerpo biológico, sino que representa una nueva percepción del mundo, toda una nueva filosofía de vida y, por encima de todo, una verdadera concepción integrada y unificada de esa fuerza que hemos llamado materia-energía como una sola entidad que sostiene la creación. Esta primera siembra consciente sé que tan solo contribuye un poco a formar 'algunas' de las bases fundamentales o esqueleto de la nueva medicina armónica o integrada, y no parcializada como hasta ahora.

No obstante, debo decir que algunos de estos nuevos métodos en los que se utilizan elementos de alta vibración, arquetipos o patrones que contienen una información que va más allá de nuestra conocida y densa dimensión, probablemente no sean aplicables a todo el mundo indiscriminadamente (aunque eso parezca clasista o selectivo, la práctica terapéutica de toda una década me lo confirma). La razón de ello es precisamente la ley del isomorfismo que hemos apuntado en este capítulo.

Para aclarar este delicado concepto, supongamos que alguien que acostumbra a vibrar en una frecuencia determinada, una vibración de tipo más bien densa y lenta, se le aplica a través de sus puntos de acupuntura por ejemplo una esencia floral, o un código específico de alta vibración, o un sólido platónico, o un arquetipo geométrico y cromático en proporción áurea. Aquella persona, podría incluso alterarse demasiado energéticamente, por ser aquel código utilizado precisamente demasiado diferente a su campo energético habitual, una alta frecuencia demasiado distinta a la suya. Podría ser un código difícilmente integrable a su campo, debido a la enorme diferencia existente entre los dos potenciales vibratorios. En el mejor de los casos, aquella persona no podrá incorporar dicha información o no le será de utilidad.

Siento en definitiva que, ninguno de los nuevos sistemas terapéuticos vibracionales existentes hoy, métodos desde luego muy interesantes que preludian la medicina integrada del futuro, no deberían utilizarse a la ligera jamás. Todos ellos implican un continuo estudio, no sólo científico sino también energético, místico y espiritual, y todo nuevo sistema requiere una gran dosis de ética profesional y de precisión en el diagnóstico previo, y eso es desde luego de extrema importancia.

Es muy interesante también (debido al desconocimiento de esas fuerzas mórficas activas) que en el extenso campo del arte y de la arquitectura, podría decirse otro tanto de lo mismo. Los fenómenos activos de la geometría, así como los de la luz, el color, el sonido y otras fuerzas radiantes, actúan sobre nuestro ser también ante la cercanía de cuadros, dibujos, objetos o formas arquitectónicas. Esa influencia energética del entorno formal es un hecho del cual aún no son suficientemente conscientes la mayor parte de artistas plásticos, arquitectos o constructores. Pocas personas sensibles y abiertas contemplan esos principios energéticos tan demostrables. De esos fenómenos en el arte hablaremos seguidamente, para completar la disertación anterior quizá más científica. Sin embargo, he dedicado varios libros a esos profesionales y a ese tremendo campo de exploración, como por ejemplo: 'ENERGÍA Y ARTE', o bien 'LA ENERGÍA VIVA DEL COLOR', o incluso uno muy especializado en Medicina del Hábitat como es 'LECTURAS DEL ENTORNO'.

21 · EL LENGUAJE GEOMÉTRICO DEL ARTE

Entremos poco a poco en el visual pero desconocido mundo del arte... Decíamos que también el arte tiene connotaciones médicas y espirituales, pero como la manifestación de las artes plásticas es necesariamente a través de las formas creadas, como sujetos creadores que somos, deberíamos también revisar el paradigma mórfico desde su punto de partida y de generación gráfica. En otros capítulos venideros podremos ver de qué manera el ser humano contemporáneo está, consciente o inconscientemente, sumergido en la búsqueda de los orígenes formales a través de la arquitectura y del arte en general (en especial del arte abstracto).

La construcción de cada forma, ya sea el diseño de una simple letra, todo un cuadro, un pequeño objeto decorativo, una vivienda o una catedral, parte siempre de la relación entre puntos, líneas y planos, relación de signos que crean un complejo lenguaje. Uno de los grandes filósofos, pensadores y teóricos sobre el contenido profundo del arte y sobre los conceptos de 'punto', 'línea' y 'plano' fue Vasily Kandinsky. Sus interesantes libros 'De lo espiritual en el arte' o bien 'Punto y línea sobre el plano', escritos en la segunda década del siglo veinte, son reflexiones que de alguna manera aún mantienen su vigencia y tal vez nos proporcionen cierto método analítico y sintético sobre diversos valores conceptuales de la Forma.

Vasily Kandinsky

Veamos en síntesis lo que dice Vasily Kandinsky en su minucioso examen de los fenómenos punto y línea, vistos en abstracto, es decir, aislados de las formas que nos rodean. El punto geométrico, dice, es normalmente invisible, de modo que debe ser definido como un ente abstracto. Se asemeja a un cero, desde el punto de vista material. *'El punto es ausencia, dice Kandinsky, pero creo que oculta diversas propiedades humanas. Para nuestra percepción el punto habla, sin duda, pero con reserva'*. De este modo el punto es el puente esencial y único entre la palabra y el silencio. El punto geométrico encuentra una forma de expresión en la escritura, significa: silencio. Cuando hablamos o escribimos, el punto es siempre símbolo de interrupción, de no- existencia, pero simultáneamente, es el puente que unifica una frase con otra.

Dice el teórico que 'el punto tiene sonido y tensión'. Realmente, el punto se encuentra encerrado en sí mismo y no tiene ninguna tendencia a abrirse, a desplegarse, en ninguna dirección. No avanza ni retrocede. El punto se afirma en su sitio y se instala sobre una superficie. Representa la afirmación interna permanente. Es una afirmación breve, escueta, firme y rápida. La tensión del punto es concéntrica. Esta tensión hace que se asemeje al círculo; considerado en abstracto y geométricamente, el punto es idealmente redondo.

Sin embargo, cuando el punto se materializa, sus límites se vuelven relativos. Si escribimos una serie de puntos, uno al lado del otro, luego podemos hacer ampliaciones de ampliaciones del primer original (en una simple fotocopiadora) y veremos sus imperfecciones, sus singularidades y sobre todo observaremos que ninguno de aquellos puntos escritos en el primer papel es igual. Las posibilidades formales del punto son ilimitadas.

Imperfección de los puntos cuando se amplían

El punto es un pequeño mundo, con una cierta unión o comunicación con todo lo que le rodea. Sin embargo, cuando aparece en su completa redondez, el punto parece no existir. Es autosuficiente. El punto, tanto en el sentido interno como externo, según Kandinsky, es el elemento primario de la pintura y de la obra gráfica. Pero en su visión más abstracta comenta: *'También el punto es un ente volcado sobre sí mismo y pleno de probabilidades. El punto se encuentra en todas las artes y su fuerza interior crecerá cada vez más en la conciencia del artista. Su importancia no puede ser pasada por alto. En la arquitectura y escultura, el punto resulta de la intersección de varios planos: es el término de un ángulo en el espacio y al mismo tiempo el centro originario de estos planos'.*

Dentro del punto se originan diversas fuerzas y tensiones, pero hay otras fuerzas que no se originan dentro, sino fuera de él. Esta fuerza (como la voluntad del artista, por ejemplo) se arroja sobre el punto, que está pegado a un plano, y ese punto se ve arrancado de su poder concéntrico y se ve también 'desplazado hacia una dirección'. Cuando eso ocurre, se aniquila la tensión interna del punto y por tanto deja de existir como tal. Pero es entonces cuando surge un nuevo ente, la línea.

La Línea es el trazo que deja el punto al moverse, por lo tanto, es su producto. La línea surge del movimiento, en cuanto se destruye el reposo total del punto. Se produce así un salto energético, dicho de otro modo, un salto de lo estático a lo dinámico. La línea es la antítesis del punto y su elemento derivado. Este nuevo ente es también un vehículo para las energías, energías que describen el movimiento del punto a través del espacio.

Los seres inteligentes podemos generar diferentes tipos de líneas. El tipo de línea creada, es producida por la diversidad de fuerzas que provienen del exterior, las cuales transforman al punto. Según el movimiento o la tensión de los elementos activos que intervienen sobre el punto y la nueva línea (nuestra mano, por ejemplo), se crea un tipo de dirección diferenciada. Por ejemplo, en la línea recta, si tomáramos en cuenta solamente su tensión, no podríamos diferenciar una línea horizontal de una vertical.

Existen tres tipos de líneas rectas, de las cuales derivan todas las demás. La forma de la recta horizontal corresponde, según nuestra percepción, a la línea sobre la cual nos desplazamos y nos mantenemos de pie. Kandinsky define el tono básico de la línea horizontal como 'la forma más limpia de la infinita y fría posibilidad de movimiento'. La fuerza perfectamente opuesta a ésta es la línea vertical que, según la concepción del gran artista, tiene las cualidades opuestas de altura y de calor.

La 'calidez' con la que Kandinsky define la verticalidad es una opinión que yo personalmente no comparto. En mi experiencia artística fotográfica, la sensación recibida ha sido siempre totalmente inversa, siempre resultaban mucho más cálidas las composiciones horizontales que las verticales. Debo decir que las teorías de Kandinsky fueron realmente importantes a primeros del siglo veinte en materia de arte; no obstante, aunque mantienen vivo su interés original, creo que las teorías de dicho pensador deberían revisarse y ampliarse por diversos teóricos y artistas actuales.

Vasily Kandinsky pensaba que las dos líneas rectas, la horizontal y la vertical, al relacionarse, pueden formar 'ángulos', núcleos de fuerza y de tensión. El tercer tipo de recta existente es la diagonal que, precisamente por su tendencia a ir hacia las rectas anteriores (horizontalidad o verticalidad), genera su propio tono interior, tiene su energía peculiar, lo que resulta de suma importancia en la composición de la obra artística. Para Kandinsky, la línea diagonal es una reunión equivalente de frío y calor: la forma del movimiento templado. 'Estos tres tipos de recta son las más puras y se distinguen entre sí por la temperatura'. Este concepto de 'temperatura' es, a mi modo de ver, es del todo insuficiente, especialmente desde el punto de vista de la energía inherente a cada línea o ente inteligente.

Cuando revisamos sus planteamientos, una de las cosas más interesantes de Kandinsky es el poder que tienen las líneas rectas de formar planos. Las intersecciones entre las líneas creadas, generan puntos o centros de fuerza que parecen 'crecer'. Aquella intersección de fuerzas vitales, se convierte a su vez en un nuevo centro, un eje, un núcleo, en torno al cual se deslizan las líneas, otras fuerzas, unas sobre otras, generando de este modo los planos. De esta manera se crean los polígonos y todas las formas en el espacio, ya sean simétricas, regulares o irregulares. No existe tanta diferencia entre una forma geométrica y los patrones básicos de la naturaleza, incluso la naturaleza microscópica.

Las formas creadas, todas las formas existentes y manifiestas, son percibidas por el artista o la persona que trata de comunicarse con ellas, aprendiendo su lenguaje oculto. Para aprender el lenguaje misterioso de las formas el artista comienza percibiendo las 'formas madre', triángulos, cuadrados, pentágonos, exágonos, decágonos, etc. las primeras en delimitar el espacio de una forma regular, simétrica y comprensible.

Los polígonos-base son las primeras letras del abecedario formal (las vocales, por ejemplo). Estas formas de primer orden contienen a todas las demás, incluso las formas curvas irregulares y abiertas. A través de esas pautas, los primeros modelos geométricos, y naturalmente de su lenguaje simbólico (como todos los lenguajes), el espacio ilimitado se manifiesta en su verdadero ser profundo, en su poder creador e inteligente, modulador de formas. El artista, al re-crear las formas en su particular soporte (ya sea pintura, escultura, arquitectura, fotografía subjetiva, dibujo, gravado, etc.) sintoniza con estas fuerzas espaciales y eternas existentes.

Puede decirse que la Unidad se representa gráficamente por el punto; y no olvidemos que el punto tiene 'dimensiones' para el artista. Potencialmente el punto es un círculo, el centro de atención y poder. Para el tantrismo, todo punto es intensidad y energía. Es desde 'un punto' que se trazan las circunferencias y, en ellas, se inscriben todos los polígonos existentes. Como bien dice el interesante artista español Pablo Palazuelo: *'El centro energético del punto, se manifiesta en todas las escalas dimensionales. El centro es múltiple, pues múltiples son las escalas. El espacio plano en el que trabaja el pintor es una sección o estrato del espacio total. Todo elemento gráfico en ese espacio plano es, a su vez, sección de algo que continúa actuando en otros niveles o dimensiones del espacio sin límites'.*

Esas valoraciones me sugieren una vez más el principio de resonancia o de empatía. Entrar en resonancia con algo implica abrirse a la comunicación, estar dispuesto a recibir y a transmitir información, significa relacionarse con otro ente o fuerza. De este modo las formas del arte (así como también las formas utilizables hoy en la terapia médica) se convierten en un gran vehículo de información y todo un sistema abierto a la comunicación con el espacio y al diálogo. Cada forma, especialmente las formas-matriz, representan el alfabeto de un lenguaje determinado, de un idioma universal. No puedo por menos que pensar que esa es exactamente la función que tienen los elementos geométricos utilizados en un contexto terapéutico, aparentemente tan distinto del contexto artístico. Su función es la misma: transmitir información al ser humano, a su cuerpo, a su psique, a su alma.

Los elementos terapéuticos actuales, filtros, substratos u objetos equilibradores, basados en la proporción geométrica armónica, así como todas las formas utilizadas en el arte, se convierten en un instrumento para la comunicación con las fuerzas latentes del espacio, ese espacio de inagotable fertilidad. El trabajo terapéutico con esas figuras de energía, viene a ser todo un lenguaje complejo, una configuración autónoma de signos, formas geométricas y cromáticas coherentes que, si decimos que constituyen en sí mismas todo un nuevo sistema de comunicación, consecuentemente son también un gran 'sistema de aprendizaje'.

22 · ARQUETIPOS GRÁFICOS Y MANDÁLICOS

En la visión artística, el paradigma mórfico es inacabable; no podemos hablar de geometría o de formas inteligentes sin revisar también el valor de los conceptos 'yantra' y 'mandala'. Para comprender esos dos conceptos, antes deberíamos recordar el significado de 'mantra', aunque el poder equilibrador de los mantras no pertenezca al mundo de la forma sino al del sonido. La Geometría, el Sonido y la Luz siempre han sido tres fuerzas universales que están en íntima relación, porque las tres vibraciones están ensambladas con el hilo común de la matriz de la Creación; de hecho, los tres conceptos *creadores* elementales.

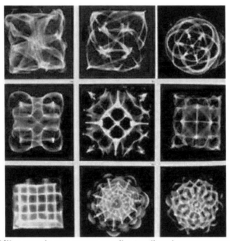

Patrón mandálico creado con arena, mediante vibraciones sonoras armónicas

La música que escuchamos, o ciertos sonidos armónicos, los mantras derivados de las frecuencias sonoras, las palabras de poder y todo lo que proceda del mundo del sonido matricial, también poseen grandes valores equilibradores y son verdaderos códigos que siempre, siempre, emiten *información*, una información que puede ser útil para nuestro desarrollo y perfeccionamiento. Conocer lo que realmente representa un mantra significa comprender el profundo poder de la Palabra, del Sonido y del Pensamiento, la primera matriz energética de la creación. Los metafísicos lo expresan magníficamente cuando dicen que la palabra sagrada o el sonido, si es correctamente empleado, produce diversos efectos. Cuando por ejemplo el OM se pronuncia con un pensamiento benéfico concentrado, actúa como un 'perturbador' que desecha la materia densa de las células, de las emociones o los pensamientos indeseables y, a su vez, ese OM nos sintoniza con la fuerza pura y nítida de la Creación.

Los mantras se construyen a partir de los sonidos universales y, esos especiales tonos sonoros o escritos, una vez emitidos, o pensados a conciencia, permiten que el Yo se equilibre, se trascienda a sí mismo y se sintonice con la fuente de la Armonía. Todo el mundo oriental ha empleado los mantras en su invocación a los cielos, en especial en la tradición budista. Esas sílabas, esos sonidos, han sido especialmente diseñados o seleccionados por seres muy evolucionados, sabios y maestros en espiritualidad, personas que tienen una gran habilidad en vehiculizar o conectar con otros planos existenciales. El mundo entero es energía, todos sabemos que existe esa fuerza unificadora, y los antiguos sabios expresaban correctamente esta energía primordial mediante ciertos sonidos encadenados y armónicos.

Para definir esas partículas sonoras de poder penetrante y espiritual, podríamos decir que los mantras son *sílabas seleccionadas, emitidas al aire, que sintonizan con fuerzas no materiales de su misma frecuencia y las atraen hacia el plano que las invoca.* Un lama, un sacerdote o cualquier ser humano que quiera invocar esas fuerzas, emite un mantra determinado, que gráficamente no es nada más que una combinación de letras, o sea unos signos geométricos que, al emitirlas sonoramente, hacen reaccionar a los individuos y a las cosas de diferente manera, reaccionan en sintonía con la fuerza invocada, produciéndose una reciprocidad de energías. De este modo un mantra puede utilizarse, bien para la curación del cuerpo, de la mente, del alma, o para elevar la vibración de un hábitat, sutilizar cualquier ambiente, ya sea un templo sagrado, una pequeña vivienda privada, o un bosque entero.

La tradición budista sugiere que existen diversos mantras y cada uno de ellos posee diferentes 'utilidades', o realiza distintas acciones sobre el individuo. Aunque hay mucho que decir respecto a esa materia de estudio, la ciencia mántrica, sobretodo desde las visiones budista e hindú. Podríamos decir que, cada mantra, cada combinación determinada de sílabas, sintoniza con una 'deidad', una fuerza creadora (deidad que está dentro de cada partícula viva o ser). Dicho de otro modo: cada mantra sintoniza con una 'cualidad' de Buda o, para ser más precisos, con el espíritu búdico que se encuentra en cada ser humano y en cada ser de la naturaleza.

De este modo, los lamas y los bodhisatvas budistas enseñan que cuando se emite, por ejemplo, el mantra OM TARE TUTARE TURE SOHA, sintonizamos con una energía de tipo liberadora, disolvente y activadora.

Los sonidos OM AH HUNG, configuran un mantra de integración de nuestros aspectos psicoemocional y espiritual.

Cuando se emite el mantra OM MANI PE ME HUNG, se establece la comunicación con la fuerza del amor, la compasión y la paz.

Si con el poder de nuestra palabra y de nuestro enfoque mental, realizamos el mantra del Buda de la Medicina, llamado por ellos Sanghye Menla, un mantra que en tibetano suena como TEYATA OM BEKHADSE BAEKHADSE MAHA BEKHADSE RADSA SAMUNG GATE SO HA, sintonizamos con nuestra propia capacidad de autocuración, vibramos al unísono con la energía sanadora universal, una frecuencia que puede ayudar a cualquier otro ser humano en período de sufrimiento y que podrá curar a la persona a la que tú mismo (tu propia voz) dirijas esta fuerza equilibradora, esos especiales sonidos o frecuencias armónicas.

No es mi intención dar aquí un recetario de mantras sino tan solo ayudar a comprender el gran poder que posee la palabra hablada y, por tanto, de la palabra escrita. Observemos el diseño geométrico de las letras, con sus aristas, sus ángulos, sus tensiones, sus curvas y sus combinaciones formales. Las letras son pura geometría, son la plasmación o materialización de fuerzas sonoras y de ideas creadoras. Nuestro lenguaje, no importa el idioma que empleemos, procede de la fuerza primordial del sonido creador.

Nuestro abecedario, con sus 28 signos gráficos comunicadores, es pura y simple geometría, contiene su propia fuerza inteligente y comunicativa. Existen muchos mantras en lengua tibetana, en sánscrito, en latín y en otras lenguas puras, es decir, idiomas que aún no están muy desvirtuados. Son sonidos inteligentes que pueden ser utilizados, por los iniciados en estas tradiciones o por cualquier persona que lo desee. En todas las culturas del mundo han existido y existen *palabras de poder* para sintonizar con el cosmos, para contactar con otros planos existenciales.

La práctica mántrica clásica es muy utilizada en Oriente, pero como es de suponer, no es unanexclusiva de esos países asiáticos. En Europa y en Occidente en general, además de varias 'palabras de poder' en latín las empleadas en muchos rituales. Sin ir más lejos, los sagrados mantras cristianos como el conocido AMÉN, es un poderoso *decreto* que significa que 'así se haga lo que hemos pedido'. Pero también existe otro inteligente mantra, el conocido YO SOY. Este mantra está compuesto por dos partículas sonoras, el YO, un sujeto que manifiesta nuestro ser en la tierra y el SOY, un verbo en tiempo presente, que es nuestro ser espiritual y eterno.

Normalmente este mantra *Yo Soy* se antepone a un adjetivo o calidad energética. Situamos el mantra de poder al lado de una tercera partícula modificable; de esta forma, el sujeto y el verbo preceden a las cualidades con las que quiero sintonizar, diciendo, por ejemplo: yo soy la serenidad, yo soy la certeza, yo soy la belleza, yo soy la prosperidad, yo soy la ecuanimidad, etc. Este mantra Yo Soy es una partícula sonora que fue bastante difundida hace casi 200 años por el místico Saint Germain y hoy en día es un mantra muy conocido y empleado en toda la cultura occidental.

Esta extensa y previa información la escrbí con la única intención de llegar a explicar el significado de YANTRA. Un Yantra es exactamente el mismo concepto que un mantra, pero el yantra es visual. Un Yantra es un sustrato gráfico con cierto poder perturbador (en el sentido positivo) con poderes activos, inteligentes, actuantes, fácticos, es decir, materializadores de realidades. El poder de un Yantra no está en el sonido sino en la forma, en sus aristas, sus ángulos, sus curvas y los encuentros armónicos entre todos ellos.

Parece que volvemos de nuevo al grafismo, al punto, a la línea y al plano, como vimos en el capítulo de Kandinsky. Los expertos en etimología dicen que la palabra 'yantra' procede de la raíz sánscrita Yam que significa *que sostiene, que porta*. El Yantra es como la ecuación, la estructura gráfica, el diagrama, el que porta, conlleva o transporta algo, una energía específica.

La visualización continuada de un Yantra (en una 'tanka' budista, en un cuadro o en cualquier diseño armónico) y la sintonización con su energía implícita y singular, puede transformar la experiencia vital del individuo. Una interesante definición del pintor y teórico Pablo Palazuelo respecto a ese tema es la siguiente: *'La visualización de las formas aparentemente estáticas de la estructura de un Yantra, conmueven su inercia, emergiendo entonces el diagrama invertido de una energía autogenerativa, capaz de transformar alternativamente la experiencia física en experiencia psíquica'.*

Los Yantras, cuyo centro, punto central o 'bindu' es pura intensidad, en su mayoría son, especialmente en los diseños tántricos, composiciones basadas en la combinación de triángulos. Quizá el más conocido de ellos es el SRI YANTRA. La figura triangular es especialmente ponderada y utilizada por el tantrismo, un culto de la India desarrollado ininterrumpidamente desde la Antigüedad y que no circunscrito a ninguna religión en particular. Para el tantrismo, todas las formas de energía del Universo están presentes en cualquier lugar del Cosmos. En el hombre, un animal de conciencia y energía credora, todas y cada una de sus células están dotadas de psiquismo. Sintonizar con un Yantra significa igualar frecuencias con la Creación permanente de la vida.

Sri Yantra, la unión o comunión de los principios femenino y masculino, con 'bindu' o punto central de la Unidad.

Cada uno de los trazos que forman el Sri Yantra, es decir, el punto central, los triángulos, algunas formas romboides, los círculos exteriores y el cuadrado que algunas veces lo envuelve (en las ilustraciones más antiguas) ya son en sí mismos un Yantra; pero combinados entre sí bajo esta concreta disposición (una fórmula gráfica compuesta de 54 polígonos, que se derivan del cruce de 5 triángulos hacia arriba con 4 triángulos hacia abajo), aumenta de forma importante el potencial energético o vibratorio del conjunto. De hecho, eso es exactamente lo que significa un mandala o un yantra: *una combinatoria gráfica simbólica con poder equilbrador.*

Yo he estado experimentando intensamente el poder de los yantras con mis más de 50 dibujos recientes, que se han puesto a disposición del público con varios tipos y tamaños de reproducciones, un trabajo artístico, sanador y contemplativo llamado YANTRAS ARMÓNICOS, y se puede acceder facilmente a ellos en mi página martapovoonline.com

Yantra Armónico de la Paz, dibujo de Marta Povo

Me permito comentar ahora algo sobre Carl-Gustav Jung, puesto que tiene una relación interesante respecto a los arquetipos gráficos y además nos recordará el Principio de Resonancia. La psicología moderna también defendió la hipótesis de que 'la búsqueda del orden, de la armonía y de la proporción, es consubstancial a la raza humana'. Cuando Jung definió hace más de 100 años el 'inconsciente colectivo', en mi opinión es una de las aportaciones más valiosas para la ciencia y la evolución. Se refería a un inconsciente de contenidos y comportamientos universales, en todos los individuos y en todas partes. A los contenidos de ese inconsciente colectivo, Jung los llamó 'Arquetipos' que, según su etimología griega significa: 1) origen, o principio; 2) imagen impresa, o figura. Es decir, hablar de 'arquetipos' equivale a hablar de imágenes primordiales impresas en la psique humana o bien, formas mentales innatas, heredadas por la mente, existentes en algunos de sus ámbitos, ya sea consciente, inconsciente, subconsciente o supraconsciente. Estas formas mentales que todos tenemos se pueden manifestar a través de la imaginación, de los sueños, de las obras de arte, de las ideas religiosas, de los mitos. Jung en su incansable e interesante trabajo como investigador, llegó a reunir una serie de cuatrocientos *sueños* procedentes de sus clientes, sueños relacionados con este concepto de los arquetipos, a los que denominó precisamente 'sueños mandala', y eran dibujos realizados de forma espontánea por sus pacientes en el curso de los tratamientos.

Asoció luego su experimento a la filosofía oriental, dándonos una valiosa información de las ideas inconscientes de la mentalidad europea. Para Jung, los mandalas orientales (que son como un conjunto de yantras en color) no fueron exactamente 'inventados', sino que eran el resultado de sueños y visiones. 'Tales cosas no pueden ser creadas por el pensamiento, sino que deben crecer de nuevo hacia arriba, desde la oscura profundidad del olvido, para expresar los presentimientos supremos de la conciencia y la intuición más alta del espíritu y, así, fundir en uno, la unicidad de la conciencia actual con el primitivo pasado de la vida'. (El Secreto de la Flor de Oro). Aquí yo haría una distinción entre los arquetipos del inconsciente colectivo (mucho más cultural que espiritual) y los arquetipos del 'supraconscinete' colectivo o universal, como pueden ser los arquetipos geométricos básicos de la creación y el crecimiento.

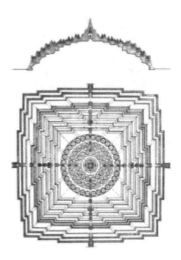

Plano en planta y elevación del Stupa de Barababur, basado en el Sri Yantra.

Un Mandala puede considerarse como un cosmograma, el esquema esencial del universo (dependiendo de su concepcción, de la intención y estado de conciencia de su creador). Es como un complejo Yantra. Representa una proyección de las fuerzas ocultas que emanan de un lugar, cuyo centro sintoniza con las fuerzas que regulan el universo. Según Carmen Bonell, el mandala es básicamente *'una superficie consagrada y una salvaguardia de la invasión de las fuerzas disipadoras'*. Según Giuseppe Tucci (Teoría y práctica del Mandala) *'el Mandala es la proyección geométrica del mundo, reducido en su esquema esencial. Ese mandala, ese esquema, se utiliza con el fin de hallar la unidad de la conciencia y descubrir el principio ideal de las cosas'*. Es evidente que, como en todo, se puede 'trivializar' mucho en la creación de mandalas (todos los niños están pintando mandalas simples y caricaturescos) por lo tanto, no podemos decir que siempre poseen cualidades energéticas evolutivas, expansivas o terapéuticas, ni mucho menos.

El plano arquitectónico de un templo, visto en planta, también es un mandala. En realidad, en mi práctica profesional en medicina del hábitat, cada vez que contemplo el esquema de cualquier vivienda, por sencilla y pequeña que sea, en la lectura energética que realizo, casi siempre percibo la sensación de contemplar el mandala que une reúne a aquella familia, su espacio.

Elevación y plano en planta del templo Dharmaraja-ratha en Mahabalipuram, India

El mandala clásico oriental generalmente contiene una figura sagrada en el centro, a menudo es Buda, o bien Shiva abrazando a Shakti. En occidente, es representado ovalmente por el Pantocrátor. En este mandala cristiano, la divinidad está representada también en el centro o lugar o punto de más poder, con la imagen de Cristo rodeado de figuras simbólicas. Otro ejemplo de mandala prehistórico son los 'stone cercles' como Stonehenge, al Sur de Inglaterra, construidos por los habitantes de la época Neolítica, con círculos perfectos de piedras erectas a modo de antenas sintonizadoras con el Cosmos.

La palabra Mandala significa 'círculo mágico'. La construcción de un yantra, su dibujo, su trazado o representación, supone cierto un ritual con un alto grado de concentración y de conexión por parte del ejecutor. Recomiendo, si al lector le es posible, la contemplación de la ejecución de un mandala budista, a base de arena de distintos colores. Recuerdo que cuando observé a los lamas construir un gran mandala de arena, lo que más me impresionó fue lo efímero de aquella obra, el valor de la *impermanencia* de cualquier cosa material, un concepto en el que insiste mucho el budismo. Cuatro o cinco monjes o lamas, trabajando juntos y coordinados, habitualmente pueden tardar varios días en realizar la bella elaboración de un mandala de arena; sin embargo, justo al finalizar el largo ritual místico-artístico, voluntaria y armónicamente disuelven la gran obra y, en cuestión de segundos, se esparcen todos los granos de arena coloreados por el espacio, experimentando así la sensación de impermanencia o temporalidad de lo creado.

Gran laberinto de la nave central de la catedral de Amiens

Si hablamos de símbolos y formas gráficas de poder, de yantras y mandalas, no podemos olvidar la simbología que contiene el Laberinto. Los primeros laberintos conocidos provienen de Egipto y posteriormente pasaron al Atlántico, especialmente a Galicia, Bretaña e Irlanda. El laberinto es una representación de dibujos espiraliformes, que simbolizan *un camino iniciático*. Este diagrama laberíntico, tan cargado de simbolismo, permite o dificulta el acceso al centro, a través de líneas o pruebas de iniciación, pruebas u obstáculos que debemos superar para llegar al 'lugar de poder', nuestra Esencia Espiritual. Es interesante observar la mezcla de angustia y a la vez de esperanza, que nos puede aportar el recorrido físico de un laberinto (...el laberinto de la vida misma), ya sea en un jardín o en un templo; esta mezcla de sentimientos contrarios que experimentamos es, en definitiva, un proceso de tal magnitud que nos podría conducir a un estado intelectual cercano a la locura, a la meditación, o tal vez a la sabiduría.

23 · LAS SIETE ARTES LIBERALES: EL TRIVIUM Y EL CUADRÍVIUM

La humanidad ha entrado en una época en la que el *entorno*, el espacio vital, es algo que comienza a ser considerado y respetado. Lo que considerábamos como 'externo' al hombre, todo lo que nos rodea, sentimos que contiene un aliento vital que convive con el aliento vital o energía de cada hombre, mujer o niño. Dicho de otro modo: la energía propia del lugar que habitamos y el campo energético de cada ser vivo, se retroalimentan.

Fueron muchos los sabios de la Historia que hablaron de ese aliento, del entorno vital, del fenómeno del espacio que nos envuelve y de su armonía en relación al hombre. Uno de ellos, Platón, el conocido filósofo nacido en Atenas durante el siglo IV antes de Cristo, expresó maravillosamente esa idea, definida básicamente en Las Siete Artes Liberales.

La propia clasificación realizada por Platón sobre las siete principales actividades del hombre, nos proporciona un dato enormemente importante sobre el valor metafísico de la arquitectura. Su exposición conceptual en las Siete Artes Liberales, Platón nos dice que el hombre se desenvuelve y se manifiesta a través de 'dos' grandes bloques de expresión: *el Trivium y el Quadrivium*.

Al **Trivium** pertenecen las tres artes del conocimiento y de la comunicación: la 'Gramática', el conocimiento de la propia lengua; en segundo lugar, la 'Dialéctica', la lógica discursiva del pensamiento; en tercer lugar, la 'Retórica', la fluida y completa comunicación con los demás.

Al bloque de manifestación del **Quadrivium** pertenecen las disciplinas de la Aritmética, la Astrología, la Geometría y la Armonía. La 'Aritmética' estudia (o debería hacerlo...) el valor de los números como 'cualidades', no como cálculos de 'cantidades'. La 'Astrología' es el estudio de los ciclos celestes, estudio que generó el establecimiento de los calendarios y otras mediciones; se ocupa principalmente de estudiar la vida interna del hombre en relación a esos ciclos celestes, y de ella nació más tarde la astronomía. La 'Geometría' se ocupa del estudio de las formas en el espacio, pero fuera del tiempo (un dato muy importante...). Y la 'Armonía' es el estudio de las formas en el tiempo y se subdivide a su vez en dos artes.

Según Platón, el propio estudio de la Armonía (el séptimo arte del Quadrívium) se desenvuelve en dos materias distintas: la 'Música' y la 'Arquitectura'. Las dos disciplinas, música y arquitectura, como hemos dicho antes, se ocupan de la Armonía de las formas 'en el tiempo', puesto que en ellas hay ritmo, movimiento, circulación, silencios, distribución, cadencia... Sin embargo, la Arquitectura contiene también el estudio de la Geometría, la generación de las formas 'en el espacio'. Sea como fuere, la disciplina arquitectónica es una forma de expresión humana, según la visión del Quadrivium de Platón, que expresa la relación entre los valores humanos manifestados y los valores del universo abstracto, en el espacio-tiempo.

Las propias palabras de Platón, escritas hace dos mil años no lo olvidemos, nos expresan bellamente en su obra Timeo: *Luego de haber puesto el entendimiento en el alma, y el alma en el cuerpo, modeló Él el Cosmos, a fin de hacer de ello una obra que fuera, por su naturaleza, la más bella y la mejor.* Así pues, desde un razonamiento verosímil, hay que decir que el mundo es realmente un Ser Vivo, provisto de alma y de entendimiento y que ha sido hecho así por la Providencia de Dios.

Evidentemente, es menester que lo que se produce sea corporal y que, en consecuencia, sea visible y tangible. Ningún ser visible podría nacer sin algún sólido y no existe sólido sin tierra. De aquí que Dios, al comenzar la construcción del cuerpo del mundo, comenzara, para formarlo, por tomar fuego y tierra. Sin embargo, no es posible que dos términos formen solos una composición bella, sin contar con un tercero. Pues es necesario que, en medio de ellos, haya algún lazo que los relacione o vincule a los dos. Ahora bien: de todos los vínculos, el más bello es el que se da a sí mismo, y a los términos que une, es decir, la unidad más completa, es la Proporción, que lo rune todo y lo manifiesta naturalmente de la manera más bella.

Cuando Platón, Pitágoras o Leonardo Da Vinci nos hablan incansablemente de La Proporción, nos están introduciendo no solamente a la Sección Áurea de la geometría, y a su equivalente aritmética, el Número de Oro, llamada también la Divina Proporción, sino también al concepto de Armonía, la armonía entre las partes de un objeto. En sus palabras, esos sabios se refieren al concepto de orden y de ritmo, como un concepto de empatía y resonancia entre el objeto y el espectador del objeto. De la misma manera que 'Dios cogió los elementos y los armonizó' mediante la proporción, así el artista, y todos nosotros potencialmente, buscamos permanentemente un lazo de consonancia y armonía entre nuestros actos o creaciones y la propia perfección del Universo.

También para Piero della Francesca, la proporción, o su búsqueda, era una función del espíritu. Sin embargo, para Leonardo da Vinci, la proporción era una función de la inteligencia. Sea como sea, a lo largo de toda la historia del arte podemos ver que la propia matemática y las leyes de las proporciones, han intervenido enormemente en nuestra evolución como un gran factor de búsqueda de la belleza, de la armonía, de exploración de esa energía primordial que todo lo inunda y lo abarca.

La ciencia de la Matemática (vista como una ciencia mística o filosófica, no desde luego como las matemáticas de la escuela) es considerada por los verdaderos entendidos como la ciencia de los Principios Superiores, a la vez sagrada y trascendente, ciencia que abarca la totalidad del Conocimiento. Desde la época de los pitagóricos, y especialmente desde entonces, creció la admiración absoluta sobre la Sección Áurea y la armonía de los polígonos geométricos (que se derivan de las leyes matemáticas), proporcióna la que se le atribuyó un valor místico y un enorme interés estético y práctico (dato importante para nuestra salud). Todos los conceptos contenidos en las materias de la Matemática y de la Geometría corresponden a las leyes de resonancia, de constancia, de armonía y orden, de los elementos constitutivos del Universo entero.

24 · GEOMETRÍA, ARTE Y ARQUITECTURA

Veamos un intento de aproximación a la geometría procedente de los artistas, en especial los que trabajaron y crearon hace tan solo 100 años. Durante toda la edad media, el arte religioso se caracterizó por su deliberada falta de perspectiva; todo era representado como si el mundo fuese plano o en dos dimensiones; estas pinturas reflejaban básicamente la visión de la Iglesia de que Dios era omnipotente. El arte del renacimiento, durante el siglo XVI, fue una verdadera revolución contra la perspectiva plana centrada en Dios y comenzó a florecer un arte centrado en el hombre, con amplios paisajes, gente real, con sombras y volúmenes tridimensionales, pintadas o construidas desde el punto de vista del ojo humano. Es como si el arte renacentista, con la incorporación de la perspectiva, *descubriera la tercera dimensión*.

No fue hasta el siglo XIX, al comienzo de la era del capitalismo y de la revolución industrial y tecnológica, cuando los artistas se rebelaron contra el frío capitalismo y el dominio de las máquinas. Se preguntaron porqué el arte debía ser siempre 'realista', pintando lo que vemos y reproduciendo la realidad fielmente. Para los cubistas, por ejemplo, la corriente del positivismo existente entonces era como una camisa de fuerza que nos confinaba a lo real y medible en el laboratorio, pero que reprimía los frutos de nuestra imaginación. Pues precisamente de ahí nació la 'revolución contra la perspectiva'; de alguna forma el arte cubista abrazó la *cuarta dimensión*.

Los cuadros de Picasso, por nombrar tan solo a uno de los autores más conocidos y de espíritu investigador, son un ejemplo espléndido de claro rechazo a la perspectiva. Hoy podemos contemplar varios rostros de mujeres, vistos simultáneamente desde varios ángulos. En lugar de un solo punto de vista, como hasta entonces, sus cuadros muestran perspectivas múltiples, como si el artista hubiera estado en la cuarta dimensión y hubiera sido capaz de ver varias perspectivas de forma simultánea. Se dice que una vez, un cliente le encargó un retrato de su esposa, pidiéndole encarecidamente que no pintara cosas raras; el artista le pidió una foto de ella y le respondió: ¡oh! ¿su esposa es realmente esa cosa pequeña *plana?* Para Picasso, cualquier imagen por realista que fuera, dependía de la perspectiva del observador y, desde luego, la amplia visión geométrica fue su medio idóneo de expresión.

Los pintores abstractos no solo trataban de ver los rostros de la gente como si estuviesen pintados por alguien tetradimensional, sino que también trataban el 'tiempo' como si estuviéramos ya en la cuarta dimensión. Hay un famoso cuadro pintado por Marce Duchamp, titulado 'Desnudo bajando por una escalera', donde vemos la representación borrosa de una mujer con un número infinito de imágenes suyas, superpuestas en el tiempo a medida que bajaba la escalera. Era como si Duchamp hubiera percibido toda la secuencia temporal de una sola vez.

Podríamos analizar cuadro por cuadro de esta interesante época del arte, sin embargo, hay dos citas que resumen a la perfección la etapa. En la década de los cuarenta un círitico de arte, Meyer Schapiro, resumía la influencia de las nuevas geometrías diciendo: *'del mismo modo que el descubrimiento de la geometría no euclidiana dio un potente impulso a la idea de que las matemáticas eran 'independientes' de la existencia, así también la pintura abstracta cortó de raíz la ideas clásicas de la imitación artística'.* También Linda Henderson, historiadora del arte ha dicho que *'la cuarta dimensión y la geometría emergen entre los temas más importantes que unifican buena parte de la teoría y el arte moderno'.*

El mundo se revolucionó tanto con los aportes de la ciencia, que impregnó por completo el mundo cultural. El concepto de la existencia de una cuarta dimensión llegó incluso a la Rusia zarista mediante los escritos del místico P.D. Ouspenski, quien introdujo sus conceptos a los intelectuales de su época. También Hinton, un importante matemático graduado en Oxford, fue un gran investigador del espacio tetradimensional que desarrolló métodos para que 'cualquier persona pudiera ver' objetos de cuarta dimensión. Con el tiempo Hinton perfeccionó unos cubos que permitían visualizar hipercubos desplegados (en 4D) que llegaron a conocerse como el cubo de Hinton o el tesseract. Como sus trabajos fueron muy publicados y popularizados, algo inusual para un matemático, la idea de 4D llegó hasta la misma calle, incluso salía en revistas femeninas, y sus cubos fueron utilizados en prácticas místicas y espiritistas.

Tanto penetró la idea del científico Hinton, que incluso Dalí utilizó el *tesseract* en su famoso cuadro Christus Hypercubus, el cristo crucificado en un hipercubo desplegado, obra exhibida en el Metropolitan Museum of Art, de Nueva York. En realidad, el alma de los artistas plásticos de primeros del siglo veinte, estaban realizando una auténtica búsqueda espiritual (aunque en muchos casos inconsciente) que les diera un sentido coherente de la Realidad y de la vida real (o del futuro) de la sociedad materialista en la que la humanidad estaba entrando. Los hombres del mundo del arte fueron tan pioneros en esa búsqueda metafísica como los hombres de ciencia.

También podríamos realizar una breve exploración por el arte de la Arquitectura con el fin de percibir esa eterna búsqueda espiritual del hombre; en los estilos constructivos y estéticos nos daremos cuenta de ese proceso místico que realiza todo arquitecto (en la historia, la mayor parte son anónimos) para encontrar la Fuente y para conocerse a sí mismo a través de ella. Utilizo ahora la arquitectura como ejemplo (aunque el paseo bien podría extenderse a muchas otras manifestaciones artísticas) por ser la arquitectura la expresión artística donde el 'espacio', el volumen y en definitiva, las formas geométricas, confluyen y en esa confluencia se hacen más evidentes los valores de la forma y de los campos de fuerza que ella misma genera. Veamos sintéticamente esta eterna búsqueda mística, ahora a través de las construcciones en el espacio, pero caminemos de forma cronológica y observemos cómo la Armonía también tiene una forma tridimensional.

La arquitectura egipcia, por ejemplo, era en sí misma 'un tratado mudo' de arquitectura, como dijo Spengler, citado por Matila C. Ghika en diversas ocasiones y obras. La concepción y edificación de la Gran Pirámide, bajo la austeridad de sus formas y volúmenes, encubre la morfología de los cinco cuerpos platónicos (naturalmente muy posteriores a la época egipcia: 2000 años, aproximadamente), con todas las proporciones geométricas y progresiones matemáticas que se derivan de los conocidos cinco volúmenes platónicos.

La Pirámide de Keops, situada exactamente sobre el paralelo 29° 58' 51" Norte, fue construida por unos hombres que poseían enormes conocimientos en Geofísica, en Astronomía y naturalmente en diversas fuentes energéticas (procedentes de la fuerza de la mente y de los sonidos) que aún hoy no sabemos utilizar. La pirámide fue concebida como un monumento que, según los expertos, *'representa un cuadrante cósmico, que regula los diluvios, las eras glaciales, las muertes y los nacimientos de las civilizaciones'* (Matila C. Ghika). Como una culminación de la cultura en su apogeo, la ciencia egipcia dejó plasmada en esa abstracta construcción una 'pulsación dinámica' en todas sus medidas y dimensiones: la misma pulsación matemática que posee el crecimiento orgánico.

Los templos griegos, sin embargo, fueron proyectados bajo la refinada geometría de Euclides y de Arquímedes. Los griegos conocieron el secreto sobre la belleza de las formas y emplearon la sección áurea en sus templos, pero también en las proporciones del cuerpo humano, así como en numerosos objetos que utilizaban para su culto a los dioses. En las formas que los griegos creaban (sobretodo en arquitectura) expresanban todo un sistema filosófico que podría sintetizarse como la armonía perfecta y la unidad orgánica implícita en el Universo. Estos principios griegos han representado un gran modelo, un molde, una semilla para los posteriores estilos del arte en el mundo entero. Citando a Valéry en la obra 'Varieté': *'La geometría griega ha sido ese modelo incorruptible; no sólo el modelo propuesto a todo conocimiento que tiende a su estado perfecto, sino también el modelo incomparable a todas las cualidades más típicas del intelecto europeo. Jamás pienso en el arte clásico sin que una fuerza invencible me haga tomar como ejemplo el monumento a la geometría griega'.*

Los romanos, sin embargo, no quisieron imponer armonías inaccesibles al pueblo raso, a los profanos. Las obras de la cultura romana manifiestan perfectamente su espíritu urbanístico y más bien técnico. Buscaron en su arquitectura las 'soluciones' a los problemas sociales, cívicos y económicos que reinaban en aquella época. Adoptaron elementos constructivos griegos, etruscos y de otras civilizaciones, y los supieron incorporar a su espíritu de ingeniero, creando formas inéditas y volúmenes que respondían exactamente a una función social, la mayoría de estas formas desprovistas de toda invocación mística (como el Coliseo, el Panteón, la Basílica de Constantino, el Acueducto de Segovia, el Puente de Alcántara, las necrópolis, etc.)

En Bizancio se encontraron la belleza y las matemáticas de los griegos, con el misticismo de los gnósticos y neo-platónicos de Alejandría. Incorporaron la forma cúbica como el elemento 'tierra' realmente necesario y afín para su psicología. La estructura bizantina de Santa Sofía (creada el año 532 D.C.), es lógica y contundente como un teorema de geometría, pero a la vez es ágil y etérea como si estuviera suspendida en el espacio.

La época Románica ha sido considerada una prolongación de la época bizantina en la construcción de sus volúmenes. La expresión arquitectónica alrededor del siglo X, pasó por un 'alargamiento' de las naves en una nueva modulación del espacio, prolongación que nos sugiere una acumulación de energía suspendida en el aire. Sus casquetes esféricos y en general sus volúmenes constructivos, nos evocan una geometría limpia e ingenua que caracterizan ese sabor del románico, estilo del que tenemos realmente muchos exponentes en nuestro país.

Dentro de este viaje cronológico arquitectónico y monumental, nos adentramos ya en el delicioso arte **Gótico.** En la época gótica realmente se exaltada del misticismo. En este estilo arquitectónico se crearon formas con un impulso tan extremadamente vertical, que prácticamente desafían la fuerza de la gravedad. A su vez, todos los detalles y los ornamentos góticos (casi inexistentes en la sobria época románica) simbolizan y representan la naturaleza orgánica. Es una arquitectura de ideales, espiritualizada, con inmensas columnas elevadas como agujas al cielo, que se apoyan en potentes contrafuertes de justicia; son pilares verticales bien asentados, pero elevándose hacia las bóvedas de Dios.

La propia Catedral de Nôtre Dame, en París, así como toda la manifestación del arte gótico, cada uno de los elementos empleados en su construcción y acabados, tiene un ostensible significado simbólico. En la arquitectura gótica, tanto el número y la medida, como la mística y la pulsación del crecimiento armónico, está todo ello indicado y materializado en numerosos símbolos, incluso muchos plasmados a la manera pitagórica. La más alta Alquimia se fundió en cada elemento constructivo. Las proporciones armónicas empleadas en los siglos XIII y

XIV, utilizadas para la construcción de sus monumentos a Dios, tejen un juego de razones invisibles, que nos proporcionan incluso ahora la imagen o la captación de las verdades eternas. Eran verdaderas naves espaciales, incluso al principio las catedrales eran deliberadamente blancas, unas naves de recepción energética enfocadas al cosmos.

Durante el **Renacimiento**, en la búsqueda de un tipo de forma que rebasaría tanto lo orgánico como lo inorgánico, el hombre latino volvió al estudio de sus orígenes: Grecia. Los hombres del siglo XV encontraron el camino estudiando la estructura del cuerpo humano, redescubriendo así la sección áurea y representando al hombre inscrito en el pentagrama. De nuevo se creyó en la posibilidad de pensar libremente en las virtudes y los valores de la Verdad y de la Belleza por sí mismas. Sabios y letrados se volcaron a comenzar de nuevo y re-crear todos los valores. Se alimentaron de las fuentes del clasicismo y, a su vez, los humanistas renacentistas volvieron a encontrar la filosofía geométrica de Pitágoras y de su discípulo Platón.

Nuevamente la geometría y la armonía de las proporciones fue el fundamento de los arquitectos, escultores y pintores renacentistas. Fue precisamente en aquella época cuando Leonardo da Vinci hizo entrar el Número de Oro dentro del dominio público, bajo el nombre de 'Divina Proporción'. En el Renacimiento se superó la fórmula agotada del espíritu gótico y se construyó, por ejemplo, la cúpula de Brunelleschi, con aquella serenidad olvidada de los volúmenes y modelos clásicos puros y armoniosos, pero sumándole el enorme impulso creativo de aquellos hombres del siglo quince.

La potencia de la arquitectura humanista estuvo enormemente estimulada en aquella época por los papas, llamados no casualmente 'Máximo Pontífice', los grandes 'puentes' entre el cielo y la tierra. El Renacimiento dio grandes artistas como Miguel Ángel, alguien muy conectado al cosmos y con un entero conocimiento (técnico desde luego, pero también extremadamente intuitivo) de las proporciones del cuerpo humano, de la sección áurea y de la expresividad vital y anímica.

La época humanista llegó hasta su propio techo... hasta que empezó a surgir, de la propia mano del hombre, el estilo **Barroco**, una visión de la realidad desarrollada sobre todo en España, Portugal, Alemania, Polonia y Austria. La gravedad de la tierra se hizo más presente que nunca en las formas artísticas barrocas. La 'pasión' y la 'imaginación' eran un fuerte torrente de energía, a veces exacerbada hasta el extremo de llegar a menudo hasta la orgía teatral. En la época Barroca se produjo una arquitectura casi fantasiosa, podríamos decir incluso 'prestidigitadora'.

En el estilo barroco y rococó, se llegó a mezclar la arquitectura, la escultura y la pintura en un solo cuerpo, algo que muy pocas veces más se ha dado a lo largo de la Historia. Este período finalizó con la saturación completa de ornamentos, de formas espirales, volutas repetitivas, arcos caracoleados y superficies doradas en exceso. Algunas obras barrocas se consideran de muy mal gusto, sin embargo, existen algunas piezas exquisitas. Llegados a este punto de rebuscamiento y saturación de formas y volúmenes la humanidad entera sintió la necesidad de retornar a la austeridad, y volvió a pensar en la exquisita simplicidad de la línea, en la sobriedad del punto y en la utilidad del plano.

Poco más tarde (cada vez los períodos del arte se sucedían con más aceleración), y como reacción al Barroco y al Rococó, apareció el período del **Neoclasicismo**, un clasicismo no siempre bien comprendido estéticamente, pero que realmente traspasó los continentes. Fue como un segundo 'renacimiento', aunque pequeño, menos carismático, menos creativo e innovador, un estilo procedente de un modelo o estilo anterior (en realidad era el tercer intento). Un buen exponente del período Neoclásico (pocos hay tan armónicos como éste) es la obra del arquitecto Robert Adams, que en el norte de América construyó casas individuales, urbanas y rurales, de una gran armonía, confortabilidad y elegancia.

Al morir el neoclasicismo, el mundo entró en la multiplicidad de los estilos híbridos del siglo XIX. La gran crisis social de Occidente y sobre todo el fuerte fenómeno de la era industrial y del capitalismo, desembocaron en una especie de ignorancia completa del sentido de la vida y fue entonces cuando el hombre creó mayormente volúmenes siempre imitativos, decadentes y a menudo caóticos que, energéticamente hablando, aún hoy desprenden una fuerte oscuridad y desde luego ninguna fuerza creativa, vital, imaginativa, armónica o genuina. Por desgracia esos edificios aún hoy podemos verlos en pié; ese es el problema de la arquitectura: si no se consigue la armonía en ella, sus efectos perduran y están irremediablemente presentes durante siglos, algo que no ocurre con un pequeño cuadro o escultura, tan fáciles de ocultar, destruir o ignorar.

Tanto durante el siglo XIX como en el XX, el hombre fue realmente aplastado por la máquina y por todo lo que ella comporta en nuestra vida cotidiana y urbanística: producción, transporte, consumo, competencia, especulación, etc. El arte y la arquitectura, así como la búsqueda interior del ser humano, tuvieron que cambiar radicalmente. Se produjo una especie de divorcio entre la Belleza y la 'vida moderna', con todas las necesidades implícitas de esta nueva y antinatural forma de vivir. Pero, precisamente en el seno de esta estética generada por ese inhumano y arrollador industrialismo, nació, paradójicamente, una nueva visión estética de líneas puras y austeras, una estética y un nuevo arte que creaba volúmenes primarios y totalmente genuinos en la historia de la Arquitectura (exceptuando las pirámides egipcias).

Una vez pasado ya el modernismo, mas allá incluso del precursor estilo cubista, la **arquitectura contemporánea** engendró nuevos hombres geómetras, como el famoso arquitecto Le Corbussier (entre otros muchos creadores de espacios) que se despojaron definitivamente de toda la necesidad convulsiva de revestimientos y de ornamentación. Eran y son arquitectos que buscaron la belleza de la sobriedad y crearon una nueva armonía de proporciones que se apoyaba en verdaderas necesidades estructurales y sociales.

Sin embargo, después de tantos siglos de búsqueda y aditivos, el hombre ha tenido que reeducar su sentido de la estética para comprender y admirar la belleza arquitectónica, la gran fuerza, dirección, sencillez y desnudez de los altos edificios de Chicago y Nueva York, por ejemplo, semilla y matriz de la arquitectura mundial de la época actual. En los rascacielos de nuestras ciudades, la geometría vuelve a estar presente y pura, cumpliendo sus funciones elementales de partición y modulación del espacio. Los volúmenes que ahora nos cobijan se presentan formalmente como puros bloques paralelepípedos de caras ortogonales, cuya funcionalidad es predominante, pero a mi entender, llenos de un contenido filosófico (no en todos los casos, naturalmente) un fenómeno que corresponde a una nueva humanidad, al nuevo paradigma existencial y místico del ser humano.

Espiritual, psicológica y artísticamente, el hombre sigue con esa eterna búsqueda de la energía primordial, una búsqueda del origen de las formas y de sus significados trascendentes. Ahora los edificios (así como otras formas de expresión del arte), muestran un claro predominio de practicidad, al mismo tiempo que denotan una clara ausencia de idealismos y de mística, valores que siempre estaban presentes en todos los estilos anteriores.

Desde todos los ángulos con los que uno mire, la arquitectura y el arte actual creo que denotan una imperiosa necesidad de volver a los orígenes (aunque no siempre se consiga, obviamente) de re-encontrar las formas elementales, de volver a la simplicidad de líneas, a la geometría primordial, a la sobriedad y pureza mórfica. Tal vez el arte de hoy en día expresa la necesidad de encontrar nuestros propios fundamentos, nuestros orígenes, la simplicidad de la forma original. El hombre, en su fuero interno, quizá hoy anhela la Verdad Única, volver a encontrar en sus archivos ancestrales la geometría inteligente y el valor energético del Número como ente generador de vida y expansión.

Es socialmente constatable que el ser humano actual sintoniza con cualquier cosa que pueda aportarle la armonía que necesita para vivir. Busca la información necesaria que le pueda facilitar su convivencia y la expansión de su vida, su prosperidad, su lucidez, la salud y su adaptación armónica al medio, un medio que a menudo le resulta hostil y nada saludable psíquica y orgánicamente. Tal vez esa búsqueda de salud y armonía a través de un medio externo, sea arquitectura, arte o lo que fuera, sea solo un fenómeno pasajero o insuficiente desde el punto de vista espiritual. Pero si algo es cierto, es que el hombre de hoy no quiere ya una casa bonita para aparentar, sino que quiere una vivienda armónica, confortable, lógica, práctica y bella que le aporte fluidez en su vida; el hombre quiere un hogar que en sí mismo sea terapéutico y enlazado a la madre naturaleza, un lugar saludable y equilibrado para desarrollar su propio proceso espiritual y el de sus seres queridos.

25 · LA GEOMETRÍA COMO MEDIO DE REPROGRAMAR

Todas las formas existentes, ya sean naturales o creadas por el hombre, siempre generan una dinámica en el espacio, por lo tanto 'inciden' sobre todos los entes que conviven cerca de esas formas y diseños. Es decir, la geometría implícita en cada objeto o imagen, los ángulos y las líneas, ya sean rectas o curvadas, engendran campos de fuerza activos y emanan una determinada frecuencia.

En toda esa vasta gama de formas irregulares que vemos a nuestro alrededor, existen unos patrones básicos geométricos o matrices, responden a unas leyes armónicas de las cuales han nacido, cada patrón tiene como su 'ADN geométrico', por decirlo de alguna manera. Esos patrones, pautas o códigos, son el *abecedario* de cualquier forma creada, es decir, *los polígonos geométricos son un lenguaje*. Esos signos o fuerzas emisoras de energía, los arquetipos matriciales y elementales de la existencia, pueden ser 'utilizados a conciencia' por el hombre, con el fin de equilibrar su estado de salud, su evolución y desarrollo.

Los griegos decían que Eidos, la forma, era un 'principio cósmico'. El significado del concepto *forma* y su supuesto valor terapéutico, solo lo podremos comprender en profundidad si revisamos y valoramos varios conceptos al mismo tiempo con nuestra voluntad y con la capacidad de asociación de ideas que todos tenemos, en especial cuando empleamos también el hemisferio derecho. Esto es exactamente lo que estamos haciendo hasta leyendo este libro.

Hemos ido viendo el poder que posee un signo, el punto, la línea, la palabra, el yantra, el número, el polígono, los valores del arquetipo, el adn o la información única que contiene cada modelo. Contemplemos y sintamos el valor propio de cada polígono geométrico cerrado, su singularidad, su fórmula en grados de cada ángulo y la proporción entre sus líneas y aristas, el campo mórfico o estructural que activa cada polígono. Reflexionemos con la sabiduría de nuestro corazón las leyes armónicas que rigen la estética en la naturaleza, en el arte que generamos los humanos, viendo y contemplando serenamente las matrices armónicas, inteligentes y autoconscientes que existen en todas las formas existentes.

Mediante la comprensión e integración de esos principios armónicos, pero también mediante el estudio del fenómeno de *sintonía*, veremos que también entre las formas geométricas siempre se produce un 'acoplamiento de campos'. Queramos o no, esos campos de energía, a nosotros nos influencian de manera constante. Estemos donde estemos, siempre vivimos rodeados de patrones, figuras y colores, frecuencias que se suman entre sí en cada objeto o ente existente (insisto, sea natural o no).

En mi investigación, partimos de la base de que toda forma es un patrón de relaciones armónicas. Cada una de ellas genera un tipo de armonía, un campo de fuerza alrededor y emana un tipo de frecuencia determinada, que se relaciona con el resto de las formas existentes. Dicho mejor aún: cada patrón formal 'atrae' a un tipo determinado de energía. Cada patrón tiene un código específico, una frecuencia, que *se acopla a las frecuencias semejantes*. Todo, cualquier cosa o persona, atrae a lo semejante.

Vimos la riqueza geométrica y matemática existente en la madre naturaleza, en la creación formal de cada ser, sea animal, mineral, vegetal o humano; y también lo vimos en su actitud o comportamiento relacional. Las figuras de la antigua geometría euclidiana pues, pueden considerarse los patrones básicos del resto de formas creadas, ya sean planas (polígonos) o en volumen (poliedros). Los polígonos planos elementales son 'la pauta' de todo lo creado, el plano, el mapa, el esquema, el lenguaje y la energía etérica que más tarde creará la materia, el objeto y su función específica. Todo lo creado procede de un patrón etérico anterior, como vimos.

Sin un patrón elemental, sin un molde, no se genera la cosa, no se engendra la vida, no se crea un campo mórfico estructural, no se ordena coherentemente la materia. Lo más interesante es que, sin un patrón de orden, sin un esquema previo topográfico, sin un modelo 'mimético', tampoco se produce luego el dinamismo entre los seres creados ni se manifiestan coherentemente los procesos psicológicos y las pautas de comportamiento.

Además del valor energético de cada número aritmético y del valor de su expresión geométrica, a lo largo de toda la Historia se han utilizado coherente y conscientemente las formas curvas, las aristas, los ángulos, la matemática y las proporciones como agentes con un gran poder comunicativo, desde los egipcios hasta los budistas, los alquimistas y los constructores de catedrales. Hoy, muchos siglos después de esa práctica geométrica de *transmisión*, los científicos más evolucionados, expertos en física cuántica, en bioquímica y también abiertos a la metafísica, comienzan a dilucidar los valores vivos e inteligentes de las formas geométricas y las frecuencias que ellas emiten.

Mi gran terreno de experimentación empírica con la geometría como fuerza sanadora y equilibradora es el método Geocrom que se desarrolló a partir de 1994. Me siento muy agradecida de haber podido constatar tantas veces el efecto empoderador de la sagrada geometría sobre las personas. No puedo dar por finalizado este pequeño ensayo sin mostrar al menos algo sobre mi trabajo en la realidad existencial, respecto a los efectos de la sagrada geometría.

La pura experiencia terapéutica con los polígonos y las ondas de forma, nos ha aportado una visión general de lo que esos patrones básicos realizan prácticamente sobre un ser humano, muy especialmente en su campo anímico y psicológico. Aunque ya ha sido expuesto en otros libros, aquí resumiré brevemente ciertas observaciones obtenidas sobre la acción básica de cada polígono plano, para facilitar al lector algunos conceptos elementales en relación a la terapéutica Geocrom.

Los triángulos pueden actuar sobre nuestro entorno creándonos un efecto de reflexión o de espejo de la Verdad única universal. Estas formas de tres lados o tensiones crean un puente de comunicación (o sea, dos focos relacionados) entre todo lo que es cósmico e intangible y lo que es terrenal y materializado. Los triángulos dinamizan y direccionan las fuerzas sutiles, tanto las nuestras como las de nuestro entorno. Son básicamente activadores y creadores de nuevos comportamientos ordenados.

Los cuadrados representan, insertos en nuestras vidas o en nuestras viviendas, toda la energía de materialización, de conexión con la tierra y con la vida más primaria. Energéticamente nos aportan prosperidad y posibilidades de existencia. La forma cuadrada nos ayuda también a relacionarnos positivamente con la muerte, con el renacer, con volver a aprender y con los cambios evolutivos en el tiempo.

Los pentágonos nos aportan la energía de integración y unificación de nuestros aspectos yang (mental, masculino, fuego...) con todos nuestros aspectos yin (emocional, femenino, agua...). El pentágono es una figura de tipo andrógino, de polaridad unificada y autosuficiente, que nos puede llevar a elevar la vibración actual en la dualidad y, a la vez, potencia el conocimiento de las causas de las cosas, aspectos todos ellos que nos evitan las vibraciones densas y la involución. Es un polígono en general de síntesis y de potenciación.

Los exágonos nos aportan el equilibrio entre los tres vehículos inferiores (cuerpo orgánico, pensamientos y sentimientos) y nuestro vehículo superior o Esencia. Es tal vez el polígono más asociado a la vida y sus ciclos. La forma con seis lados es la energía de la 'com-unión', es decir, de la integración de fuerzas, de la conjunción de los opuestos. y de la interrelación armónica de la información y los ciclos de desarrollo.

Los heptágonos nos proporcionan el patrón de cambio y el desplazamiento de los códigos existentes que ya son obsoletos, paralizantes, es decir, desplaza los códigos que han dejado de ser viables para nuestro desarrollo. En el fondo el heptágono es como un eficiente barrendero que limpia las runas inútiles (para el futuro nivel de conciencia) de lo vivido anteriormente. Es un gran polígono para la renovación de las energías de un lugar o de una persona. Es también una forma que 'regula' las vibraciones en cada etapa existencial, transmutándolas adecuadamente para cada proceso y reunificando lo contradictorio para encontrar su coherencia.

Los octógonos nos dan la fuerza del poder de la expansión, de la cosecha y del reconocimiento de la vida. La influencia de todas las formas octogonales, controlan el ritmo de la vida terrenal, siempre vinculada a lo celestial y eterno, proporcionándonos la armonía necesaria para trascender el sufrimiento y la escasez de los planos inferiores. La representación gráfica o combinatoria de trigramas del Bagua del Feng Shui, es también de forma octogonal, un esquema armónico que simboliza la expansión de la materia y el consecuente proceso de evolución en su espacio habitable.

Los decágonos tienen un gran poder dinámico, pero trabajan básicamente con la polaridad de fuerzas. Esta forma básica de la geometría está constantemente como haciendo un retorno a la Unidad, porque equilibra los polos opuestos. Incide en todos los campos eléctricos y energéticos que nos rodean y de hecho en todas las fuerzas 'duales' que nos desarmonizan o nos alejan de la 'Unidad' esencial. Tiene el poder del final y el retorno, tras el desarrollo del camino. Terapéuticamente, el decágono tiene notables efectos protectores contra la desestabilización que nos producen los aparatos eléctricos y otras radiaciones de tipo magnético, pero también con el ordenamiento de los procesos mentales y emocionales, todo ello en referencia a la dualidad y a sus cargas potenciales.

El dodecágono es una figura que nos conduce a la perfección, a la visión profunda y a su comunicación con el mundo exterior, a la vez que nos ayuda a trascender el ciclo espacio-temporal, siendo uno de los polígonos más espirituales de la geometría con un potencial evolutivo de alta vibración. Hasta ahora no se ha experimentado todavía ningún arquetipo de doce lados para la armonización de un hábitat, aunque sí son muy efectivos para la salud individual y sobretodo para nuestro proceso de evolución espiritual consciente.

El círculo es la forma más sutil y completa de todas las formas que influyen sobre nosotros. Todos los polígonos regulares pueden inscribirse dentro del abrazo y la perfección del círculo. Un círculo representa lo inmutable, pero cíclico, lo ordenado, pero en constante movimiento. El patrón circular es el mandala de la completitud, el patrón de armonía de los cielos y de lo eterno. Si el cuadrado es antidinámico, estable y materialista, el círculo es la manifestación dinámica del espacio en infinita evolución, cambio y perfeccionamiento. Es la fuerza, la dulzura, la protección, la lucidez, la amorosidad, la alegría, la armonía y la razón vital. Al no tener ningún ángulo, los círculos no son tan 'correctores' o terapéuticos como los polígonos, pero son mucho más potenciadores y amplificadores de los procesos anímicos o espirituales.

El óvalo, otro patrón geométrico circular, pero en forma de elipse, está en relación directa con la luna y sus numerosos y dinámicos ciclos. También sin ángulos, el óvalo es un polígono muy distinto al círculo que está astrológicamente relacionado al Sol. Los óvalos tienen propiedades activadoras y fluidificantes, que especialmente activan los líquidos orgánicos, las sustancias etéricas y también las relaciones humanas. Es un polígono de cambio, de activación y de revitalización de las realidades existenciales, en especial entre nuestro exterior y nuestro interior, entre nosotros y los demás.

El método de la Geocromoterapia desarrollado hasta hoy y todas las aplicaciones prácticas de la sanación Geocrom, como las 77 Esencias Codificadas, es un proyecto de evolución espiritual y un nuevo paradigma en la salud, que he investigado y constatado durante más de tres décadas. Se basa precisamente en la conjunción de cierta *forma geométrica asociada a un color determinado,* **creándose así ciertas frecuencias armónicas determinadas.**

Nuestra herramienta de trabajo son unos filtros traslúcidos y fotosensibles, a través de los cuales actúa la luz. En una de las prácticas de sanación, cada polígono cromático se proyecta con una luz de flash sobre ciertos puntos acupunturales del ser humano. Es una nueva forma de acupuntura con luz, cuyos estímulos van mucho más allá de activar la energía de los meridianos pues, a través del campo áurico, esos códigos o frecuencias actúan modificando comportamientos psicológicos e incluso anímicos y transgeneracionales. También se pueden tomar como esencias líquidas que han sido programadas con cada uno de los 77 arquetipos Geocrom, representando como una nueva terapia floral basada en el color y la geometría.

Todas la aplicaciones existentes actuan descodificando y neutralizando patrones patológicos, o bien reprogramando y empoderando al ser humano. De esta peculiar combinatoria, geometría, color y luz, en 1994 surgió pues un interesante sistema de arquetipos armónicos, de códigos, frecuencias y patrones de comportamiento equilibrado, con resultados muy efectivos para la salud bioenergética y psicoanímica, con resultados extremadamente interesantes, no solo para salud sino para favorecer y activar la evolución humana.

26 · COMPRENDER LOS POLÍGONOS GEOCROM

Hemos dicho que los Arquetipos Geocrom son simples ondulaciones procedentes de la combinatoria 'geometría-color-luz' y cada uno de ellos tiene un potencial vibratorio determinado, emite una frecuencia concreta y genera campos vibratorios en el espacio o sobre un ser vivo, o sobre el objeto sobre el cual se proyecten estos patrones de orden inteligente. Mediante la ley universal de Sintonía, llamada también ley de Correspondencia, de Similitud o de Analogía, los filtros geométricos de color hacen que nuestro cuerpo y nuestra alma vibren en la misma frecuencia que los patrones equilibrados y armónicos del macrocosmos, materializados en esos filtros terapéuticos. Esos 77 polígonos de color, crean en nuestro campo energético como un plano arquitectónico, un mapa topográfico, una pauta sobre la que nuestras energías se 'guían', se ordenan y se armonizan en coherencia; es decir, las energías naturales se estructuran.

La perfección matemática y geométrica del Universo y de la Naturaleza, con todas sus formas y tensiones en equilibrio sintetizadas en esos arquetipos, repercute sobre nuestro estado de salud y nuestra salud bio-psíquica y anímica, cuando utilizamos a conciencia estas herramientas de reestructuración armónica. Los filtros geométricos y cromáticos empleados son representaciones de estas formas elementales del abecedario universal. Tanto si son empleados en medicina o en psicología, como en las obras de arte o en un hábitat humano, estos substratos gráficos, arquetipos geométricos, que a menudo llamamos *filtros* por ser traslúcidos, modifican y amplían la información del campo conciencial del hombre y proporcionan orden y estructura a sus comportamientos biológicos, psicológicos y anímicos.

Las formas poligonales, como diseños elementales, naturales y matriciales, son verdaderos patrones de comportamiento, modelos de perfección y de equilibrio energético. Los polígonos básicos o 'patrones ondulatorios', son fuerzas vivas que ejercen una gran influencia en el comportamiento de nuestras células, en el comportamiento psíquico y emocional, e influyen también sobre cualquier campo de energía cercano a los seres vivos que conviven con esos patrones de orden, es decir, son aplicables y muy efectivos también para la armonización de un hábitat.

Existen interesantes palabras sinónimas para describir estos filtros geométrico-cromáticos, que nos ayudan a comprender mejor el método Geocrom. Pueden resumirse como: arquetipo, patrón, esquema, semilla, catalizador, modulador, frecuencia, código...

Personalmente me gusta verlos y entenderlos como *semillas contenedoras de información* y de ordenamiento vital. También cada uno de los polígonos son verdaderos *catalizadores* que hacen posible un proceso. Podemos decir también que son *moduladores* de frecuencias que 'reorganizan' las frecuencias de nuestro complejo campo áurico y bioeléctrico.

También los contemplamos como *esquemas sintéticos*, o trazados elementales, mapas o planos de las múltiples formas y caminos que toma la energía vital. Esas pautas geométricas y lumínicas son la topografía de esa magnífica energía tensa, brillante y vibrante del cosmos que nos envuelve, antes llamada dios y hoy más nombrada como Fuente.

27 · ESTAMOS EN RED

Para entender el concepto de mapa o esquema mencionado, lo podemos ver así: cada punto, cada ángulo, cada arista o cada curva de estos diseños geométricos, es una tensión que apunta hacia un lugar del espacio. Esta tensión, siempre dinámica, genera una proyección de líneas, con ángulos concretos, que a su vez se encuentra con otra tensión o fuerza del espacio, un encuentro que puede generar un nuevo ángulo determinado, tal vez con una abertura distinta. Así se pueden ir creando y construyendo, de forma armónica y simétrica, ciertas fuerzas y representaciones de la perfección energética de esa compleja red en constante proceso del Universo.

El concepto red o trama (una red por la que circula la información armónica y evolutiva) es precisamente la base de los campos estructurales de los que habla Rupert Sheldrake en su paradigma de los Campos Mórficos. Los esquemas geométricos de las fuerzas inteligentes que existen en el infinito Cosmos, son como los arquetipos o matrices de su propio equilibrio, los modelos, las representaciones abstractas y conceptuales de todo lo demás. Cada forma, cada figura, es una matriz perfecta, una letra o un arquetipo determinado, que forma parte de ese complejo abecedario o Realidad Única existente, más allá de nuestra tercera dimensión.

Cuando aplicamos estos arquetipos equilibrados, matemáticos y geométricos, bien sea con finalidades terapéuticas, pedagógicas o en las infinitas formas del arte, en la arquitectura, la construcción, el diseño, etc, entonces, esa *Fuente o realidad única... vibra en nosotros*. Es entonces cuando se sintonizan adecuada y ordenadamente todo nuestro cuerpo, nuestros procesos psico-anímicos y nuestro Microcosmos, con esa sabia realidad que está inserta a su vez en el Macrocosmos.

Es recomendable que no olvidemos que todos estamos insertos en el Universo porque, todos los seres humanos sin excepción, tendemos siempre a tener una 'visión antropomórfica' del cosmos. Acostumbramos a verlo todo desde una óptica muy limitada y posiblemente bastante egoica. Cada uno de nosotros depende de cada ente existente; estamos todos relacionados y unidos por una red inmensa de energía; un entramado holográmico y fractal, en la que cada ente o cosa existente forma parte de un Todo, se encuentre uno en la dimensión que se encuentre. Ninguna de las dimensiones existentes (o planos de manifestación) son independientes la una de la otra, es decir: se dan todas las dimensiones y realidades posibles al mismo tiempo.

Vivimos y vibramos en varias dimensiones a la vez, no solamente en la tercera. A veces esa visión de simultaneidad requiere un esfuerzo de abstracción para imaginarla. El hecho de que uno se sienta inmerso dentro de varias dimensiones al mismo tiempo, con las variadas y coloreadas influencias que ello supone, no es nada fácil para el ser humano común, por eso tiende a sentirse aislado y a verlo todo bajo su perspectiva egocéntrica y humana. No podemos olvidar el principio de biofeetback: el futuro de alguien depende de su presente, pero también depende del presente de todo lo que le rodea.

Cuando contemplo cualquier forma geométrica, simétrica, bella y perfecta, cuando tengo un simple filtro Geocrom en las manos, o cuando siento alguno de mis recientes diseños de Yantras Armónicos, a menudo tengo la clara sensación de que ese esquema tan simple *me comunica autoconciencia*. Es como una simple y delicada letra del abecedario, pero una letra... sin la cual yo no podría expresarme, ni siquiera podría vivir.

Aquel patrón, aquella forma básica diseñada tan sencilla, un yantra o un archiconocido conocido polígono de la geometría clásica, todos llenos de belleza y proporción armónica, siento que el propio arquetipo a mí me hace 'crecer en cantidad y en calidad de luz', que me ayuda a desarrollarme, a integrarme conscientemente al Cosmos, haciéndome sentir íntimamente unida a un Todo, posiblemente inabarcable pero reconocido como parte de mí. Es como un recuerdo.

También a otras personas conocidas, pacientes, terapeutas o investigadores, durante su experiencia con las sesiones de sanación Geocrom, vemos que cada arquetipo o código que le proyectamos les aporta siempre una cierta y curiosa *modificación en su conciencia*. Cada polígono contiene en sí mismo un patrón armónico de la realidad última universal; de manera diferenciada, todos y cada uno de ellos llevan inherentemente una especie de *mensaje subliminal* que aumenta las virtudes de todo ser y que estimula o amplifica notablemente su evolución.

Este mensaje subliminal de las formas geométricas, seamos conscientes o no de ello, actúa en nosotros de una forma automática, profunda y sutil, porque cada polígono contiene y condensa la 'información' del crecimiento armónico natural del Universo.

La influencia o cercanía de cada forma geométrica, parece que extrae o importa del vacío, del espacio cósmico, es decir, extrae de él ciertos modelos esenciales únicos, puros, inteligentes y amorosos, modelos vitales primordiales, eternamente arquetípicos, para luego transportarlos a nuestra densa realidad y traducirlos en equilibrio, salud, progreso y desarrollo de nuestra energía esencial, anímica o espiritual. En síntesis, esas frecuencias activan *la expansión en espiral de nuestra conciencia.*

28 · SANAR CON GEOMETRÍA Y COLOR

En realidad, el método sanador de la Geocromoterapia muestra a la humanidad unos nuevos valores: que *la forma*, las formas creadas, naturales y artificiales, *la forma no es casual ni arbitraria*, ni tampoco es 'inocente', sino que todas las formas existentes obedecen a ciertas leyes matemáticas ordenadas, geométricas y estructurales de la Naturaleza y del Universo.

La nueva visión Geocrom se basa en la idea de que los patrones geométricos elementales son elementos inteligentes y útiles para nuestro desarrollo, porque estimulan la elevación de nuestro grado de conciencia, e incluso sirven como herramienta de autoconocimiento y de exploración espiritual de cada uno. Por eso proponemos que los polígonos cromáticos se empleen conscientemente en los ámbitos de la medicina y la psicología, del arte y de la pedagogía, es decir, en el amplio mundo de la curación y la prevención, en el terreno de la psicología y las relaciones, y en el ámbito de la arquitectura, la pintura y el diseño, en las escuelas, en publicidad y en el extenso mundo de la comunicación.

La geometría es un fenómeno natural e inteligente en sí mismo. Cuando estudiamos sus fenómenos de expresión vemos que cada polígono y cada trazo contienen principios activos, principios que *siempre inciden sobre cualquier ente vivo*. Los que investigamos ese tema, argumentamos que la geometría puede ser un agente terapéutico tan digno de emplear como cualquier otro. Después de mucho trabajo, estudio y entrega, podemos hoy aportar ese descubrimiento de que, los patrones armónicos y matemáticos, forman parte de nuestra constitución física y energética, pero quizá lo más revolucionario es que también forman parte de nuestra constitución psíquica y anímica. Realmente, la incidencia de ese factor geometrizante sobre cada persona, la supuesta acción terapéutica de la geometría, es aún bastante desconocida, desde luego, pero se perfila como un asunto de gran magnitud y con mucho futuro, dadas las experiencias realizadas hasta ahora.

Es posible que hasta ahora los seres humanos no estábamos realmente preparados o acostumbrados en emplear y asimilar esta nueva forma de energía, la geometría y sus campos estructurales. De la misma manera que hace quince siglos tampoco hubiéramos sabido emplear la energía eléctrica ni hubiéramos sacado el máximo partido a la energía mecánica; es así de simple. Todo tiene su momento dulce. Ahora es el momento de entrar de lleno en los valores inteligentes de la geometría; de comenzar a emplear de forma inteligente en distintos campos de acción todos esos potenciales energéticos y esos nuevos paradigmas. En especial la fuerza de la geometría y del color, aunque tal vez el efecto del color sobre el ser vivo sea ya algo bastante conocido, o al menos, es más popular; pero según mi modo de ver, tampoco la fuerza de la luz y el color la hemos sabido emplear aún en su máximo potencial.

El valor inherente que contiene cada polígono geométrico lo contemplamos ahora desde el paradigma de la sanación Geocrom, como una fuerza 'matriz' de otras realidades. Mediante el estudio de la geometría (se le llame sagrada, profana, inteligente o natural...) cualquiera puede explorar las proporciones, los patrones repetitivos y las pautas matemáticas que la naturaleza sigue para crecer (incluso en la biología humana) y ver el hilo común de todas las formas, observar las matrices, los modelos energéticos, su lenguaje propio, ver los códigos e improntas de energía que conllevan los arquetipos geométricos, los cuales hoy me atrevo a afirmar que realmente contienen la información más pura de todo el proceso creador del Universo.

Mediante esta experiencia terapéutica de proyectar ciertos arquetipos geométricos de color, un individuo puede comenzar a sentir dentro de sí la fuerza del orden, la fuerza coherente de la armonía, leyes matemáticas de proporción, puede sentir la coherencia en sus propios procesos psicológicos, la armonía en su propio entorno, la coherencia en sus procesos orgánicos, algo que en definitiva lo denominamos *salud*. Después de realizar varias terapias con los filtros Geocrom, los comentarios hechos respecto al estado interno de cada persona tratada, siempre se referían a conceptos de paz, de autoconocimiento de su subconsciente, de lucidez y claridad, de fuerza y vitalidad, de propósito y coherencia, de armonía, creatividad y empoderamiento psicoanímico... Y lo han hecho todos de una forma peculiar, expresiva y contundente respecto a su propio desarrollo humano y a la vez espiritual.

Ya hemos visto que los polígonos primigenios contienen como un lenguaje oculto. Para sentir y gozar del lenguaje misterioso de las formas, uno puede comenzar a experimentar las 'formas madre', los triángulos, cuadrados, pentágonos, hexágonos, heptágonos, octógonos, decágonos, círculos y óvalos, que son las primeras formas que delimitan el espacio de una forma regular, simétrica y comprensible. Esas formas-madre están agrupadas en lo que se llama la geometría euclidiana. Hace décadas que percibí que aún no podíamos integrar bien la geometría en volumen sin antes integrar los patrones básicos de la geometría plana o euclidiana.

Los polígonos planos son como los arquetipos o patrones originales de la realidad, el lenguaje primordial y energético de expresión del Tao, de Dios, la Fuente de todas las cosas. Mediante el empleo del poder geométrico armónico, uno puede manifestar su verdadero Ser profundo, su poder creador y su acción moduladora de formas y de realidades. De hecho, podríamos decir que, mediante la incorporación de los códigos geomátricos, uno empieza a despertar sus naturales mecanismos de *autocuración*. Ya llegará el momento de desarrollar bien la geometría en volumen o poliedros desde sus posibles implicaciones terapéuticas.

La geometría es un lenguaje. Y toda palabra, cualquier letra, cualquier número o signo, cualquier polígono, tiene su significado, su código y su información. Pero deberíamos preguntarnos qué es en realidad la *información*... ¿Qué tipo de códigos maneja esa gran realidad cósmica y qué códigos resuenan con nuestra pequeña realidad biológica y psicológica? Tal vez aún no sepamos definir bien el concepto 'código' o información universal, pero sí podemos intuir que, para que cualquier tipo de información se transmita, debe ser ordenada y coherente. No podremos interpretar nada partiendo de un caos desordenado de información.

El ser humano necesita un lenguaje, un orden, requiere la ordenación de distintos signos, de ciertos patrones, modelos o pautas armónicas. Para que se transmita comprensiblemente, toda información necesita un *programa* que recodifique, que traduzca los códigos y que cree las imágenes, las palabras, los símbolos, que cree realidades y propósitos. Todos nosotros empleamos símbolos y arquetipos en nuestra vida. El mundo arquetípico y simbólico es mucho más frecuente y real en nuestra cotidianidad de lo que sospechamos, no es el asunto filosófico, abstracto y teórico que a veces pensamos. Es algo concreto y práctico.

A lo largo de toda la Historia, el hombre y la mujer ha empleado siempre la simbología como el gran 'medio de comunicación' con las fuerzas abstractas primigenias. Los arquetipos y los símbolos de los polígonos geométricos, realmente *actúan como un puente entre dos realidades*. Este puente, el lenguaje simbólico o arquetípico, posibilita la comunicación entre lo que llamamos divinidad y nosotros. Con cada signo o arquetipo, accedemos a un diálogo que revela otra realidad mucho más sutil que la que nos aporta nuestra racionalidad.

Los arquetipos de hecho contienen una esencia 'intemporal'. Cada uno de los arquetipos simbólicos. No son una 'abreviatura' de la Realidad, sino que son un medio para 'instalarnos' en esa Realidad. Cada arquetipo existente es portador de cierto conocimiento determinado. Los polígonos de la geometría, son un lenguaje arquetípico que *reconstruye la conexión perdida entre el hombre y el cosmos*. Un filtro Geocrom es como una pauta de comportamiento armónico. Cada polígono viene a ser un arquetipo del supra-consciente humano universal.

Carl Jung habló de los arquetipos del in-consciente colectivo; pero esos arquetipos de Jung pertenecen mayormente a un mundo cultural y aprendido, a unos códigos de comportamiento ancestral y repetido mediante la educación y las costumbres ancestrales. Quizá son lo que en medicina energética llamamos nuestra 'memoria celular'. Sin embargo, la geometría al parecer no pertenece al mundo del inconsciente y de la cultura sino al mundo del supra consciente, de la espiritualidad, pero entendida como una espiritualidad laica, universal, neutra, válida para todo ser vivo y para nada vinculada a las múltiples religiones mundiales. Las formas básicas de la sagrada geometría vienen a ser las pautas armónicas de cierto comportamiento coherente con la vida natural y cósmica, patrones y modelos de paz, de amorosidad, de equilibrio, pautas de lucidez, de salud y de vida, pautas equilibradas y leyes de expansión y evolución.

El método de la Geocromoterapia desarrollado hasta hoy y todas las aplicaciones prácticas de la sanación Geocrom, como las 77 Esencias Codificadas, es un proyecto de evolución espiritual y un nuevo paradigma en la salud, que he investigado y constatado durante más de tres décadas. Se basa precisamente en la conjunción de cierta forma geométrica asociada a un color determinado, creándose así ciertas frecuencias armónicas determinadas. Nuestra herramienta de trabajo son unos filtros traslúcidos y fotosensibles, a través de los cuales actúa la luz. En una de las prácticas de sanación, cada polígono cromático se proyecta con una luz de flash sobre ciertos puntos acupunturales del ser humano. Es una nueva forma de acupuntura con luz, cuyos estímulos van mucho más allá de activar la energía de los meridianos pues, a través del campo áurico, esos códigos o frecuencias actúan modificando comportamientos psicológicos e incluso anímicos y transgeneracionales. También se pueden tomar como esencias líquidas que han sido programadas con cada uno de los 77 arquetipos Geocrom, representando como una nueva terapia floral basada en el color y la geometría.

Todas las aplicaciones existentes de la Geocromoterapia actúan descodificando y neutralizando patrones patológicos, o bien reprogramando y empoderando al ser humano. De esta peculiar combinatoria, geometría, color y luz, en 1994 surgió pues un interesante sistema de arquetipos armónicos, de códigos, frecuencias y patrones de comportamiento equilibrado, con resultados muy efectivos para la salud bioenergética y psicoanímica, con resultados extremadamente interesantes, no solo para salud sino para favorecer y activar la evolución humana.

29 · DESCUBRIENDO LA FUNCIÓN
DE LOS ARQUETIPOS

En este capítulo se condensan décadas de intensa investigación con la geometría y la luz. Sin embargo, el propósito de este ensayo de divulgación es revisar los valores profundos a la Geometría Sagrada, pero teniendo en cuenta su aplicación terapéutica y práctica. Una finalidad primordial es *no trivializar los valores de la geometría* y llegar a comprender las razones reales de sus propiedades y su efecto terapéutico sobre cualquier ser vivo.

De todas maneras, se requieren los seminarios de formación profesional en Geocromoterapia para diagnosticar de forma precisa, coherente y etiológica, así como para poder aplicar los filtros Geocrom en los puntos acupunturales del hombre con precisión y profesionalidad. Sin embargo, proporcionaré una síntesis muy general sobre la principal acción descubierta hasta ahora que posee *cada polígono geométrico*, y sus efectos sobre la mente, el cuerpo bioenergético y el alma del hombre. El siguiente paseo por la Geocromoterapia es para dar tan solo una pequeña pincelada sobre algunos Arquetipos Geocrom.

Dijimos que un patrón geométrico determinado, empleado simultáneamente a una frecuencia de luz y color, genera un arquetipo o patrón energético muy concreto, una pauta de comportamiento bastante precisa que posee una función y una acción impulsora completamente determinada; pero al mismo tiempo, cada polígono geométrico aporta un código muy diferenciado respecto a los otros polígonos del mismo color; y eso ocurre con todos los colores del espectro.

Por lo tanto, constatamos que la clave del funcionamiento de la Geocromoterapia está sobre todo en la geometría. Sin embargo, cuando observamos los filtros desde su color, podemos ver una escala de funciones diferenciadas (a menudo de lo más denso a lo más sutil de la conciencia) y parece que este escalado va *in crecendo* desde los triángulos hasta los dodecágonos y los círculos. Incluso a veces vemos funciones asociadas o relacionadas, como saltos energéticos, cuando el polígono dobla su número de lados; por ejemplo, de un cuadrado a un octógono, o bien de un triángulo a un exágono, a veces hay ciertas similitudes, aunque en diferentes escalas. Veamos algunos ejemplos cuando revisamos la mayor parte de los filtros Geocrom agrupándolos por colores:

ARQUETIPOS ROSAS: Todos los polígonos geométricos existentes junto a una vibración cromática rosa, son modelos de nivelación y trascendencia psicoemocional; todos ellos son buenos reguladores de nuestro campo energético respecto a las emociones y los sentimientos, tanto en lo que se refiere a nosotros mismos, como en lo referente al exterior y a nuestras relaciones. Un Triángulo Rosa (3 ángulos, fuerzas o tensiones) nos aporta un código de elasticidad y de paz con el entorno, mientras que el Exágono Rosa (6) nos impulsa a abrir el corazón y estar en paz con nosotros mismos.

Un Dodecágono Rosa nos mueve a encontrar el justo camino a seguir para que se dé este estado de paz en nuestra privacidad emocional. Un Cuadrado Rosa nos hará ver el principal nudo del conflicto en el pasado, mientras que un Octógono Rosa nos permitirá trabajar un resentimiento o rencor procedente de dicho pasado. El Pentágono Rosa nos activa la capacidad de enfrentar los disgustos y las invasiones mientras que un Decágono Rosa nos ayudará a neutralizar y transformar nuestra agresividad o capacidad invasiva sobre los demás. El Círculo Rosa (los círculos siempre son el final expresivo de todas las formas, la completitud geométrica sin tensiones, ni ángulos ni aristas) nos conduce al silencio, a la paz interna y con el entorno, a la ecuanimidad, al equilibrio o ausencia de emociones o de reacciones patógenas.

ARQUETIPOS VERDES: También podemos revisar ciertos polígonos junto a la vibración del color verde, una combinatoria energética que trabaja con los patrones causales de la la enfermedad y con las memorias heredadas de otros seres o fuerzas externas, con la toxicidad, la alteración y el consecuente dolor o gama de sufrimientos que engendra en nuestra dualidad. Mientras que el Exágono Verde neutraliza patrones de toxicidad etérica y física, en especial en nuestro sistema de asimilación, el Círculo Verde transforma y sana los códigos invasivos de cualquier patrón de enfermedad, infección y toxicidad del cuerpo energético. Este mismo Círculo Verde suaviza los procesos dolorosos de todo el cuerpo físico y etérico, pero el Decágono Verde neutraliza este sufrimiento en la cabeza y zona alta, lugares de concentración perceptiva, haciendo descongestionar los cinco sentidos perceptivos, pero a la vez es un buen educador de nuestra sensibilidad.

El Heptágono Verde nos aporta coherencia y posee una función integradora de contradicciones y de procesos psíquicos disociados, o de sufrimiento psicológico. El el arquetipo también verde, llamado Sri Yantra (un complejo yantra o mandala compuesto de 5 círculos y 54 triángulos en su interior), directamente coordina el hemisferio derecho con el izquierdo, la racionalidad con la intuición, la visión lógica con la analógica, y nos produce la paz y la entereza psicológica. Así como el Cuadrado Verde nos muestra la parte útil, benéfica, didáctica y evolutiva de cualquier situación de sufrimiento, del pasado o del presente, el Triángulo Verde nos impulsará a transformar y trascender toda la información heredada y a vaciar o actualizar las grabaciones de nuestra memoria celular.

ARQUETIPOS AZULES: Los polígonos geométricos apoyados por los tonos azules trabajan con la estructura del ser, con su energía eléctrica y etérica, con la fluidez, con nuestra capacidad de almacenamiento de luz, con la fuerza de redireccionar los propósitos en libertad y dirigir nuestra voluntad y enfoque. Un Triángulo Turquesa o azul claro reestructura el colágeno y los fluidos de envoltura y relativiza las reacciones emocionales, mientras que el Exágono Turquesa fortalece la estructura ósea e interna del ser, así como su eje y estructura psicológica. Pero un Decágono Turquesa modula la estructura mental y la fuerza eléctrica del ser y su entorno, mientras que un Óvalo Turquesa regula y aclara las situaciones de polaridad interior-exterior y oposición entre dos fuerzas. Sin embargo, el Círculo Turquesa trabaja con los patrones estructurales más sutiles y creadores de la condición humana y espiritual, alineando nuestro eje cielo-tierra.

Cuando nos referimos al azul oscuro o índigo, por ejemplo un Exágono Azul, nos activará nuestra capacidad lumínica y transmisora de información, mientras que los Triángulos Azul índigo nos aportarán lucidez y apoyo en nuestros procesos mentales e intuitivos. En el caso de un Cuadrado Azul y del Pentágono Azul, los dos parecen aportarnos luz respecto a nuestro proceso egoico y espiritual, el primero relativizando el predominio de la personalidad respecto a la esencia de cada uno, mientras que el segundo nos muestra el correcto empleo de nuestro ego poniéndolo al servicio del alma. Un Decágono Azul tiene la propiedad de desapegarnos de las cargas eléctricas estáticas adquiridas, mentales y etéricas, mientras que un Dodecágono Azul índigo nos aclara y nos descarga de adherencias energéticas, psicológicas y culturales repetitivas. Sin embargo, el Círculo Azul tiene la propiedad de activar nuestra fuerza interior volitiva, el foco existencial y nuestro fuego vital o motor de nuestros procesos existenciales.

ARQUETIPOS VIOLETAS: Cuando los patrones primordiales de la geometría están apoyados por la vibración cromática violeta, parecen activar la autonomía del ser humano, la independencia de procesos y la libertad del individuo en plenitud. Por ejemplo, un Triángulo Violeta actúa y regula nuestro sistema nervioso y los procesos cerebrales en la calma, mientras que el Pentágono Violeta regula el sistema endocrino, los procesos metabólicos y el orden psicoenergético. El Cuadrado Violeta trabaja con la acumulación de la materia, los procesos de muerte y de duelo, mientras que el Octógono Violeta nos aporta la capacidad de enfrentar estos procesos de cambio y trascenderlos. Un Decágono Violeta nos aportará limpieza e independencia respecto a los procesos energéticos ajenos que cargamos, diluyendo la densidad emocional, mientras que el Dodecágono Violeta nos anima a expresar clara y libremente nuestro ser en una comunicación presencial y no egoica. El Círculo Violeta es el mandala sin ángulos de la dignidad, la independencia, sutilidad, plenitud y autonomía de nuestra alma noble.

ARQUETIPOS MORADOS: Tan solo hay cuatro y todos ellos poseen una vibración de alta transmutación energética y son muy alquímicos. El más significativo es el Heptágono Morado que es el único descodificador del método Geocrom. Todos los arquetipos nos pueden codificar o programar en algo, mientras que el Heptágono Morado borra los excesos de información, elimina, descodifica o vacía los programas adquiridos y saturantes. El Exágono Morado es un buen desparasitador, mientras que el Dodecágono Morado trabaja y limpia los miasmas y repetición de patrones patológicos. Sin embargo, el Círculo Morado es el encargado de hacer aflorar las memorias del inconsciente, para transformarlas en una información consciente y de autoconocimiento.

ARQUETIPOS AMARILLO, NARANJAS Y ROJOS: La gama de los tonos vibratorios muy cálidos, cuando se expresan en patrones determinados de la geometría, siempre nos aportan expansión, vitalidad, abundancia, libertad y la fuerza de la alegría. Un Triángulo Naranja dinamiza la motivación y evita la tristeza, mientras que un Decágono Naranja nos hace anclar en el presente y ver la vida con un optimismo expansivo; así mismo, un Círculo Rojo también nos da eficiencia y alegría, además de activar la vitalidad energética y psicológica, mientras que le Óvalo Rojo nos activa la sangre y todos los fluidos orgánicos y energéticos para que esta vitalidad sea dinámica y constante.

Un Exágono Naranja armonizará nuestro sistema metabólico, pero también nuestra comprensión profunda de las cosas y las relaciones con el mundo; mientras que el Cuadrado Naranja activa nuestra expansión y nuestra prosperidad procedente de ese mundo exterior. Sin embargo, un Decágono Amarillo nos aportará el código de cambio y superación para que pueda activarse en nuestro interior esa prosperidad, facilidad en la obtención de recursos, expansión y el eficiente empleo de nuestros dones personales. Un Triángulo Rojo nos aporta la fuerza y el valor ante los desafíos, aportádonos gran confianza en nuestros valores.

Un Triángulo Amarillo es el gran arquetipo del desapego y nos libera los condicionantes que impiden la libertad de nuestro ser; mientras que un Pentágono Amarillo nos aporta la lucidez de ver la causa de las cosas y la eficiencia de nuestra actitud al respecto. Un Círculo Naranja es el final del camino arquetípico respecto a la fuerza de la alegría, la expansión y el conocimiento, mientras que un Círculo Amarillo es la fuerza de la libertad misma y la certeza en nuestra libre expresión como seres de energía sin condicionantes sociales, un gran arquetipo que impulsa nuestra capacidad de creación.

ARQUETIPOS MAGENTA: Solo hay cuatro y todos parecen estar vinculados a estimular nuestra evolución como entes maduros. El Octógono Magenta nos saca los velos de los autoengaños y activa la autenticidad de nuestro Ser, mientras que el Círculo Magenta amplifica y desarrolla nuestro potencial del adn y todas nuestras capacidades potenciales. Uno de ellos es el Arquetipo de la Unidad, con un diseño complejo de geometría en su interior y 8 trigramas a su alrededor, y nos conduce a relativizar la dualidad de nuestras circunstancias y a identificarnos con la Unidad o la Fuente original de la que procedemos.

ARQUETIPOS VERDEAZUL: se trata de tres códigos de autoafirmación, equilibrio y sabiduría. El Pentágono Verdeazul elimina complejos de inferioridad y estimula la autoafirmación y la autocuración, mientras que un Exágono Verdeazul equilibra la balanza de nuestras polaridades descompensadas, los códigos kármicos y la justicia. El gran arquetipo sin ángulos del Círculo Verdeazul estimula nuestra mente superior o búdica y activa la fuerza del discernimiento-

ARQUETIPOS BLANCOS: Todos los arquetipos geométricos junto a la vibración cromática de tono blanco, son grandes generadores de pureza, de cambio de visión dentro del proceso evolutivo y nos aportan o activan una gran amorosidad con el entorno y con nosotros mismos. El Triángulo Blanco es la fuerza del Uno, arquetipo del padre y del guía, que nos facilita la fuerza del 'cambio' en cada etapa evolutiva, mientras que el Octógono Blanco es la fuerza del Dos, el arquetipo de la madre y la belleza, que nos da consuelo ante las memorias de sufrimiento acumulado. Un Pentágono Blanco es el arquetipo de la masculinidad, mientras que un Decágono Blanco es el arquetipo de la feminidad, siendo los dos activadores de la naturaleza andrógina de nuestro Ser.

El Exágono Blanco es la fuerza de la vida, del renacer y del *reset* o volver a empezar desde unos valores más puros que los anteriores. El Óvalo Blanco estimula la esponjosidad del aura o nuestro campo energético vital y nos permite sentirnos protegidos desde la propia pureza. El Heptágono Blanco es el arquetipo de la paciencia, la permisividad y la flexibilidad. Sin embargo, el gran código del Círculo Blanco representa la fuerza del Tres, del hijo, que activa nuestro Cristo interno, y es el arquetipo que activa la expresión del máximo amor, pureza e impecabilidad, siendo la frecuencia más elevada de los 77 Arquetipos Geocrom.

30 · LOS POLIEDROS Y LA GEOMETRÍA EN VOLUMEN

Hemos revisado los principales patrones de comportamiento armónico de toda la geometría simétrica plana investigada hasta el momento, la que empleamos cotidianamente los terapeutas formados en Geocromoterapia y en Medicina del Hábitat. Esos polígonos elementales son considerados como modelos arquetípicos del equilibrio energético, polígonos inteligentes que podemos llamar también 'patrones ondulatorios' con grandes efectos sobre nuestra energía. Es evidente que también existen los polígonos de nueve lados, de once, de trece, etc. aunque nosotros no los hemos empleado aún desde el punto de vista médico ni psicológico.

Sin embargo, no podemos olvidar que, además de los polígonos, también existe la geometría en volumen: **los poliedros**. No obstante, ¿cómo vamos a entrar en el terreno terapéutico-geométrico de tres dimensiones, si no hemos entrado de lleno aún, ni comprendido ni experimentado suficientemente, la geometría plana de dos dimensiones? Hacer un salto desde los antibióticos, los analgésicos y los antidepresivos, hacia la curación mediante la geometría en volumen, que es mucho más compleja que la geometría plana. Incluso puede ser excesivo y por esa razón hemos considerado trabajar haciendo un paso primordial y necesario empezando a incidir en la salud con los modelos geométricos simples, los arquetipos planos que anteceden a los poliedros.

Por el momento tan solo sabemos que esas formas geométricas regulares y simétricas, los polígonos planos bidimensionales, influyen siempre en el comportamiento de nuestras células y en nuestro comportamiento psíquico y emocional. Los podemos utilizar como medicamento, o en el campo del arte, en la pedagogía, o bien en el espacio y en el ambiente que nos rodea. Hemos visto que es muy amplio el campo de aplicaciones de los polígonos euclidianos. Podemos emplear terapéutica y evolutivamente esa geometría sencillamente porque son pautas ondulatorias naturales y ondas de forma coherentes que influyen sobre cualquier ser vivo y sobre cualquier campo de energía existente.

El trabajo de investigación artística y terapéutica que hemos realizado hasta ahora sobre el Sistema Geocrom, básicamente respecto a los valores útiles de la geometría y el color, no ha llegado aún a la experimentación con las formas geométricas en volumen, los poliedros o los sólidos platónicos. Cuando en 1993 empecé mi trabajo de observación e investigación, intuí y comprendí enseguida (y el tiempo lo ratificó) que no podía entrar en el estudio de las formas geométricas de tres dimensiones sin antes haber investigado a fondo e integrado todas las propiedades de los elementos que componen la geometría plana, simétrica, es decir, la geometría puramente euclidiana, los polígonos clásicos y sus códigos principales o matriciales.

Un octaedro o un icosaedro son poliedros de tres dimensiones que tienen varias caras triangulares, pero... ¿qué propiedades tienen los triángulos? ¿Cómo podemos investigar el efecto de un icosaedro si aún no tenemos idea de la fuerza que emite un simple triángulo? Y si cada triángulo lo combinamos con un color cálido como el naranja, o con un color frío como el azul, entonces ¿el triángulo tiene las mismas propiedades o similares?

Es interesante observar primero la complejidad geométrica de cada poliedro y su supuesta complejidad energética. Muestro aquí los principales y clasicos volúmenes geométricos, con el número de caras y polígonos que posee cada uno, todas las aristas que intervienen y los numerosos ángulos y vértices que cada poliedro posee. Resumamos los componentes formales de los Cinco Sólidos Platónicos.

Poliedros básicos o 5 sólidos platónicos

El Tetraedro posee 4 caras triangulares, 4 vértices y 6 aristas.
El Cubo, tiene 6 caras cuadradas, 8 vértices y 12 aristas.
El Octaedro, tiene 8 caras triangulares, 6 vértices y 12 aristas.
El Dodecaedro, tiene 12 caras pentagonales, 20 vértices y 30 aristas.
El Icosaedro, tiene 20 caras triangulares, 12 vértices y 30 aristas.

Como vemos, cada poliedro puede contener muchísima información y una compleja combinatoria matemática y estructural, y yo creo que aún no podemos saber sus efectos reales sobre nuestra salud o equilibrio psicoanímico. Observar su composición o imaginar las diferentes vibraciones que pueden emitir estos poliedros volumétricos, como mínimo informará al lector sobre los múltiples valores que posee la geometría en volumen, en tres dimensiones y no en dos, como en la geometría plana.

Los polígonos simples funcionan a modo de un patrón bidimensional básico, primordial, una frecuencia o *forma geométrica que está aún sin desplegar en el espacio...* No obstante, podremos llegar a intuir las grandes connotaciones energéticas que cada volumen geométrico contiene en sí mismo, quizá no tanto en el campo de la medicina, pero todos los poliedros (no solamente los 5 sólidos platónicos sino muchos más poliedros) toman una relevancia mucho mayor si pensamos en el arte y especialmente en la arquitectura, pues...¡vivimos dentro de poliedros!

En mi camino de vida no está incluido el trabajo con los poliedros, ni averiguar qué función terapéutica posee cada una de las miles de formas volumétricas que puede tomar la sagrada Geometría. Mi aportación y mi legado es simplemente dejar bien asentadas las bases terapéuticas y anímicas de la geometría plana, como el principal lenguaje de la Armonía Universal, aplicable de una forma práctica y concreta en la salud y la evolución del ser humano actual.

31 · CIENCIA, GEOMETRÍA Y ESPIRITUALIDAD

Lector, si has llegado a leer hasta aquí, es porque 'algo' ha sintonizado con tu ser espiritual, esa esencia que tienes dentro que quiere explorar las verdades universales. Si has llegado hasta este capítulo sin hacer trampas, sin leer en diagonal, sin dejar de reflexionar cada idea expuesta y dejándote sorprender, siguiendo respetuosamente el hilo conductor y el orden que la escritora ha marcado a conciencia, si has sentido la mayor parte de los argumentos... significa que realmente algo del libro ha 'resonado' dentro de tu alma.

Algo nuevo o diferente has aprendido o has descubierto, algún concepto ha abierto una puerta que tenías oxidada, o quizá ha despertado en ti una memoria dormida, o algo de este discurso ha activado tu capacidad creativa. Algunos libros pueden despertar verdaderas autopistas de información, o quizá solo abren pequeños caminos a seguir, pero estos nuevos senderos siempre nos llevan a paisajes desconocidos y maravillosos que nuestra alma creadora necesita explorar, para crecer y enriquecer su grado de sabiduría.

También existe la actitud legítima de la persona que se acomoda y prefiere 'no saber' para, en el fondo, no asumir la responsabilidad de ese saber. Esa comodidad a mí me parece un puro acto de *sumisión a lo pre-establecido*. El avance tecnológico y científico al que hemos llegado conllevan siempre una gran responsabilidad y, sobre todo, un enorme poder. Esa responsabilidad es lo que veo más importante a incorporar o asumir. No saber utilizar coherentemente este poder nos puede conducir a la autodestrucción planetaria (o individual). En el mejor de los casos, ese poder mal empleado nos puede conducir a una importante degeneración de la humanidad, ya sea una degeneración biológica, cultural, psicológica, económica o del tipo que sea.

Tanto en ciencia como en espiritualidad y yo diría que en todas las visiones de la vida, tenemos que tener actitudes incluyentes, no excluyentes, visiones que unan, no que separen, visiones y actitudes que sirvan para hacer emerger y sublimar la conciencia del ser humano. Ya no podemos seguir poniendo la inteligencia al servicio de la locura y de los intereses de un pequeño colectivo dominante. La ignorancia y estupidez humana es relativamente inofensiva, pero la estupidez inteligente y astuta es muy muy peligrosa, incluso pone en peligro a nuestra propia especie.

Si revisamos el pasado, vemos que ciencia y religión, así como medicina y espiritualidad, son como dos trenes que se mueven en la misma dirección y que van sobre raíles paralelos. El tren de la religión se dirige hacia la búsqueda del Pensador y el tren de la ciencia busca al Pensamiento. De la misma manera y con el mismo paralelismo, el tren de la medicina va en busca de la enfermedad, mientras que el tren de la espiritualidad va en busca del equilibrio armónico del ser. Los dos trenes, es evidente que pronto van a llegar al punto final de su viaje, donde los raíles paralelos se convierten en uno. En este lugar crucial, tan solo pueden ocurrir dos cosas: o que los trenes tengan un choque importante y aniquilador, o bien que los 'conductores' de los trenes comprendan que *el pensador y el pensamiento son una sola entidad, que la enfermedad y equilibrio armónico del Ser son realidades inseparables.* Pero tú, también eres un conductor, el conductor de tu vida.

No podemos seguir contraponiendo cientifismo y misticismo. Una experiencia mística no es menos sofisticada que un experimento científico, aunque lo sea de un modo diferente. La conciencia mística puede ser tan compleja y eficiente como un aparato técnico de investigación o la propia mente del investigador. Tanto el científico como el místico han desarrollado métodos de observación de la naturaleza muy complejos y sofisticados, incluso a veces métodos que son inaccesibles a los profanos, pero experiencias concluyentes. Ya hemos visto que una imagen o una revista científica puede ser tan misteriosa como un mandala o un yantra; los dos experimentos o imágenes son 'registros' diferentes, son resultados distintos de una misma investigación sobre la naturaleza de las cosas.

Cuando hablamos del aspecto interdisciplinar que debería tener una ciencia madura y responsable, nos referimos a que debería incluir también la visión mística, el aspecto más metafísico de la Realidad. Los nuevos valores de la evolución consciente incluyen, además de la medicina y la ciencia, también el arte y los extensos caminos de la creatividad y el potencial expresivo que poseemos; incluye el buen uso de nuestra mente ultrasensible y generadora de realidades, la intuición y la inspiración de nuestro hemisferio derecho, un centro receptivo que está cojo e incompleto sin el raciocinio de la parte izquierda de nuestro cerebro.

Creo que a cada uno nos ha llegado ya el momento de realizar una revisión de valores seria y profunda. Es tiempo de observar sinceramente nuestro comportamiento individual frente al comportamiento grupal de la humanidad. Por encima de todo, siento que ya llegó la hora de tomar partido, de 'mojarse'. Hay que observar y sentir *hacia dónde se dirige* este enorme colectivo de seres anímicos en evolución; y de ver dónde estás tú insertado en dicho colectivo. Quizá no es tan importante saber 'hacia dónde' va la humanidad, ni siquiera saber el 'porqué' existe un camino o un plan divino de desarrollo. Lo que realmente importa es el 'cómo' avanzamos y aprendemos, de qué manera lo haces tú, con qué principios y valores te mueves, y ver cada uno la disposición que tiene para cambiar de paradigma, para modificar sus visiones científicas, médicas, pedagógicas, espirituales, sociales, vitales, internas e íntimas. Es tu propia escala de valores la que modifica o refina tu visión de la Realidad. Recordemos este principio físico tan importante: *el observador modifica el resultado del experimento.*

Podemos realizar cada uno una inspección de los valores que nos mueven, los que resuenan en ti, un replanteamiento de las visiones científicas y médicas, de los sistemas educativos; incluso reflexionar sobre el sentido real de la política, de las mil formas inteligentes de expresión artística, replantear la manera de hacer negocios o de intercambiar riqueza, de emplear los medios de comunicación no para manipular y vender sino en pro de la evolución y el amor. Ver con claridad qué es adecuado de mantener o no del viejo paradigma, y llegar a reconocer los nuevos valores o posibilidades que tú quieres vivir, respirar, vibrar y expandir.

Entre esos nuevos valores a incorporar y experimentar está la Geometría como un valor inteligente, un valor primordial y una práctica que durante tantos años he podido constatar que es esencial para nuestra salud, entre otros campos de aplicación. No es tanto una visión mística sino una realidad visible, tangible y práctica. Incorporar la geometría conscientemente en nuestra vida es un paso evolutivo importante. Aunque parezca algo nuevo, cuando la sagrada geometría siga desarrollándose, puede ser algo que revolucione el futuro de la humanidad.

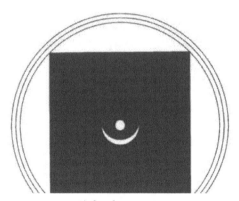

Cit-kunda Yantra

BIBLIOGRAFÍA RECOMENDADA

Arte y percepción visual, *Rudolf Arnheim,* Ed. Alianza Forma

Atrapando la Luz, *Arthur Zajonc,* Ed. Andrés Bello

Ciencia, Orden y Creatividad, *David Bohm y David Peat,* Ed. Kairós

Color, *Suzy Chiazzari,* Ed. Blume (revisión técnica y conceptual de Marta Povo)

Color y Formas, lo esencial de la Geocromoterapia, *Marta Povo,* Ed. Harmonia's

Combinar el color, *Hideaki Chijiwa,* Ed. Blume (revisión conceptual de M. Povo)

Cuadernos de Bioenergética del hombre, *Jorge Carbajal,* Ed. Nestinar

Curación Cuántica, *Deepak Chopra,* Ed. Plaza & Janés

De lo Espiritual en el Arte, *Kandinsky,* Ed. Labor

Despierta la Energía Curativa a través del Tao, *Mantak Chia,* Ed. Mirach S.A.

El Camino del Zen, *Allan Watts,* Ed. Edhasa

El Camino Musical hacia el Espíritu, *George Balan,* ed. Musicosofía

El Campo, en Busca de la Fuerza Secreta que Mueve El Universo,
Lynne Mc Taggart, Ed Sirio

El Cercle Infinit, *Bernie Glassman,* Ed. Helios-Viena

El Código de la Luz, *D*aniel Lumera, Ed. Obelisco

El Cosmos del Alma, *Patricia Cori,* Ed. Sirio

El elogio de la sombra, *Tanizaki,* Ed. Siruela

El Experimento de la Intención, *Lynne Mc Taggart,* Ed Sirio

El Hemisferio Olvidado, canalización e inspiración, *Marta Povo*

El Hombre y sus Símbolos, *Carl G. Jung,* Ed. Caralt

El Kibalión: Filosofía Hermética del Antiguo Egipto y Grecia, *Anónimo,* Ed. Kier

El Lenguaje de las Figuras Geométricas, *Mikhaël Aïvanhov,* Ed. Prosbeta

El Misterio de Las Catedrales, *Fulcanelli,* Ed. Plaza & Janés

El Número de Oro, *Matila C. Ghyca,* Ed. Poseidón

El Poder de los Límites, *György Doczi,* Ed. Troquel

El Punto Crucial, *Fritjof Capra,* Ed. Sirio

El Secreto de la Flor de Oro, *Anónimo, traducción Richard Wilhem,* Ed. Paidós

El Simbolismo de los Colores, *Frédéric Portal,* Ed. Sophia Perennis

El segundo secreto de la vida, *Ian Stewart,* Ed. Crítica-Drakontos

El Tao de la Física, *Fritjof Capra,* Ed. Sirio

El Templo en el Hombre, *R.A. Schwaller de Lubicz,* Ed. Edhaf

El Universo Elegante, *Brian Green*, Ed. Crítica

El Valor de lo Invisible, *Marta Povo*, Ed. Harmonia's

El Vínculo: la Conexión Existente Entre Nosotros,
 Lynne Mc Taggart, Ed Sirio

Energía y Arte, *Marta Povo*, Ed. Harmonia's

¿Es Dios un geòmetra?, *Ian Stewart*, Ed. Crítica-Drakontos

Filosofía y Mística del Número, *Matila C. Ghyka*, Ed. Apóstofre

Formas del Pensamiento, *Annie Besant-C.W. Leadbeater*, Ed. Kier

Geometría y Luz, una medicina para el alma, *Marta Povo*, Ed. Isthar

Geometría y Visión, *Pablo Palazuelo*, Ed. Diputación Provincial de Granada

Geometría Sagrada, *Miranda Lundi*, Ed. Oniro, 2005

Geometría Sagrada, descifrando el Código, *Stephen Skkiner*, Ed. Gaia

Geometría Sagrada de la Gran Pirámide, *Ivan Paíno*, Ed. Isthar

Geometrías Sagradas, *Stephane Cardinaux*, ed. Terra et Sidera

Gran Atractor de Implosión, *Dan Winter*, Ed. Psicogeometría

Hágase la Luz, *Bárbara Anne Brennan*, Ed. Martinez Roca

Hara: centro vital del hombre, *Karlfried Graf Dürckheim*, Ed. Mensajeros

Hiperespacio, *Michio Kaku*, Ed. Crítica

La Clave Cromática, *Nieves Alfaro*, Autoedición

La Composición Áurea en las Artes Plásticas: El número de Oro,
Pablo Tosto, Ed. Edicial

La Conciencia sin fronteras, *Ken Wilber*, Ed. Kairós

La Definición del Arte, *Umberto Eco*, Ed. Martinez Roca

La Divina Proporción, las Formas Geométricas y la Acción del Demiurgo,
Carmen Bonell, Ed. UPC

La Divina Proporción, *Luca Pacioli*, Ed. Akal

La Enfermedad como Camino, *T. Dethlefsen y R. Dalhke*, Ed. Plaza&Janés

La Enfermedad como Símbolo, *Ruediger Dalhke*, Ed. Robin Book

La Estética de las Proporciones, *Matila C. Ghyca*, Ed. Poseidón

La Luz, Espíritu Vivo, *Omraam Mikhaël Aïvanhov*, Ed. Prosbeta

La Proporción Áurea, *Mario Livio*, Ed. Ariel, 2008

La Salud por el Color y la Terapia de los Colores, *Theo Gimbel*, Ed. Edad

Láser y Sintergética, *Jorge Carvajal Posada*, Ed. ViaVida

La Totalidad y el Orden Implicado, *David Bohm*, Ed. Kairós

Las huellas de los Dioses, *Graham Hancock*, Ed. B

Lecturas del Entorno, *Marta Povo*, Ed. Harmonia's

Los misterios de Shamballa, *Vicente Beltrán Anglada*, Ed. Kier

Los Tres Ojos del Conocimiento, *Ken Wilber*, Ed. Kairós

Los Versos de Oro, *Pitágoras*, Ed. Troquel

Mantras, *John Blofeld*, Ed. Edaf

Mas allá del Materialismo Espiritual, *Chögyam Trungpa*, Ed. Edhasa

Mas allá de la Teoría Cuántica, *Michael Talbot*, Ed. Gedisa

Médecine Tibétaine Bouddhique et sa Psychiatrie,
Terry Clifford, Ed. Dervy-Libres

Medicina China: una Trama sin Tejedor,
Ted J. Kaptchuck, Ed. La Liebre de Marzo

Mensajes del Agua, *Masaru Emoto*, Ed. La Liebre de Marzo

Mística del Color y la Geometría, *Marta Povo*, Ed. Harmonia's

Ondes de Forme et Énergies, *Felix & William Servranx*, Ed. Servranx

Pitágoras, *Mario M. Perez-Ruiz*, Ed. Océano

Pitágoras, *Peter Gorman*, Ed. Crítica

Platón: Obras Completas, Ed. Aguilar

Principios inteligentes de la geometría sagrada, *Marta Povo*, Ed. Harmonia's

Punto y Línea sobre el Plano, *Vasili Kandinsky*, Ed. Labor

Sacred Geometry, Philosophy & Practice,
Robert Lawlor, Ed. Thames & Hudson

Símbolos Fundamentales de la Ciencia Sagrada, *R. Guenon*, Ed. Universitaria

Soufle de Lumiêre, *Alain Masson*, Ed. Opera Editions

Textos de estética taoista, *Luis Racionero*, Alianza Editorial

The Healing Buddha, *Lama Thubten Zopa Rimpoché*, Ed. Wisdom Publications

The Law Of Light, *Lars Muhl*, Ed. Gilalai

Un salto cuántico, *Dr. Manuel Arrieta*, Ed. Índigo

Una Nueva Ciencia de la Vida, *Rupert Sheldrake*, Ed. Kairós

Vida Pitagórica, *Jámblico*, Ed. Etnos

Wabi-sabi, para artistas, poetas y filósofos,
Leonard Koren, Ed. Hipòtesi-Renart Edicions

Yantra, The Tantric Symbol of Cosmic Unity,
Madhu Khanna, Ed. Thames & Hudson

HISTÓRICO Y CAPACITACIÓN DE LA AUTORA

En el interior de mi alma se integran de forma natural tres grandes aspectos: la creatividad, la sanación y la docencia. Como profesional, un tercio de mi existencia lo dediqué a la fotografía profesional y dos tercios los he destinado a la medicina integrativa, energética y psico-anímica, actualmente llamada holística.

Nací un 11 de octubre del año 1951 en el barrio gótico de Barcelona. Recibí una especial educación artística y a la vez metafísica, de unos padres y un ambiente poco común. Estudié el bachillerato de ciencias, pero acabé estudiando Historia y Antropología en la Universidad de Barcelona.

Mi espíritu investigador pronto me llevó a explorar el campo de la imagen y la fotografía, pero este mismo Arte de la Luz me condujo a estudiar el funcionamiento de la energía y acabé haciendo la carrera de Acupuntura y Medicina China. A partir de aquí todo cambió al comprender 'todo lo que existe' detrás de la materia aparente. No paré de estudiar otras disciplinas médicas, energéticas, psicológicas y cuánticas relacionadas.

A partir de los 38 años, me centré en explorar el mundo intangible: la energía, la metafísica, la espiritualidad, la visión cuántica, la mente humana, la neuropsicología, la mística, los espacios como entes vivos, la íntima interrelación entre el alma, la personalidad y el cuerpo, la trascendencia y los ingredientes de la evolución, el arte contemplativo…

Todos los conocimientos adquiridos durante décadas me reportaban nuevas sinapsis y mi sensibilidad psíquica innata fue madurando. El arte de la meditación y la contemplación contribuyó mucho a amplificar mi percepción de todo el que es intangible. Al mismo tiempo, mi experiencia terapéutica durante los últimos treinta años me ha ido constatando que nada es como parece ser, sino que todo está regido por unas leyes espirituales invisibles pero evidentes, y que todos o Todo está unido e hilado por una red sincrónica y sabia, que podemos llamar Fuente, Dios o espiritualidad, el sustrato intrínseco de la Vida.

Posiblemente todo ello hace de mí una persona polifacética y multidisciplinar, que inevitablemente tiene una visión amplia e integrativa del ser humano, de su gran potencial creador y de su compleja salud psico-bio-energética; lo que posibilita y facilita mi aportación pedagógica de las últimas décadas. Todo ello se suma a mi alta sensibilidad psíquica y la facilidad de canalizar desde los 14 años, hasta el día de hoy, posiblemente habiendo heredado la mediumnidad de mi madre.

Muestro una síntesis de mi capacitación, para quien le interese saber los pasos que di para llegar a ser quien soy, aunque mi alma pionera, rebelde, investigadora y creativa ya lo era antes de nacer, como somos todos y cada uno, un ser peculiar y único que se auto-transforma y se auto-educa anímicamente, más allá de cualquier formación que realice.

* En mi experiencia vital, existen dos grandes y **diferentes etapas** existenciales:

1951-1988: Durante mi primer período de vida cursé el bachillerato de ciencias y más tarde estudié durante 4 años Historia y Antropología en la Universidad de Barcelona, carrera que no finalicé el 5º curso por larga enfermedad. Durante 18 años me dediqué a la fotografía profesional, en la especialidad de arquitectura y paisaje. Durante 2 años di clases en la Universidad Politécnica de Barcelona, con la asignatura Interpretación Filosófica del Arte Fotográfico.

Desarrollé también una intensa obra fotográfica personal y artística, realizando de 114 exposiciones individuales y otras tantas colectivas (ver dónde y cuándo en mi página martapovo.es). Mi extenso y fructífero archivo fotográfico profesional, actualmente lo he donado para su idónea conservación, al fondo documental del Archivo Fotográfico Municipal de Barcelona.

1988-2024: En este segundo período hice un giro importante profesional y existencial hacia la terapéutica, la metafísica y la espiritualidad; comencé a estudiar de nuevo e investigar sobre los fenómenos metacognitivos y me fui capacitando en el campo de la bioenergética, estudiando cronológicamente:

Quiromasaje, Reflexología, Terapia Floral, maestría de sanación Reiki, Medicina China y Acupuntura, Budismo y meditación, Antroposofía, Psicología Jungiana, Constelación Familiar Sistémica, Sanación Esenia-Egipcia, Neuropsicología, Inteligencias Múltiples y Mindfulness, Ciencia Unificada con Resonance Science Fundation, explorando hasta hoy los conceptos de metafísica, visión cuántica y otras materias psicológicas, energéticas y espirituales.

· En el año 1994 plasmé el nuevo paradigma de la GEOCRFOMOTERAPIA ® y una extensa metodología basada en distintas aplicaciones psico-anímicas de 77 códigos o arquetipos universales de la Geometría aplicada y los colores de la Luz. EN una visión integrativa de frecuencias Geocrom, que se han constatado hasta hoy como muy eficaces para la salud, la psicología, la pedagogía y la evolución espiritual consciente. Hoy es mi principal legado.

· En 1996 comencé mi carrera literaria, habiendo escrito y publicado hasta hoy 22 libros. En esta época, fui creando distintos campos de trabajo partiendo del método Geocrom, con sus especialidades de Medicina del Hábitat, de Esencias Geocrom Codificadas y más tarde de Meditaciones con Geometría Terapéutica.

· En 1998 creé la plataforma del Instituto Geocrom con varios colaboradores, teniendo mi consultorio principal en Barcelona. En el año 2020 cerré el Instituto Geocrom como empresa, aunque mi escuela pedagógica sigue vigente, organizando cursos, terapias, retiros y encuentros.

· En el 2004 establecí también mi escuela y consultorio en el Pirineo, con el centro CSIS Cerdanya. En 2011 fundé el laboratorio de Esencias Geocrom y Fisterra. Tras un fuerte accidente, en el 2014 cerré el centro del Pirineo y creé el nuevo espacio pedagógico y terapéutico en Caldes de Monbui.

· En el 2020 establecí mi actual escuela y vivienda en la Casa del Bosc en PIERA, cerca de Montserrat, un espacio ideal para la docencia de grupos reducidos, la terapia psico-anímica, la meditación, retiros pedagógicos compartidos, clases particulares y tutorías, y las tertulias filosóficas del Grup Àgora.

· En el 2022 empecé por primera vez a canalizar dibujos de YANTRAS ARMÓNICOS con finalidades de armonización de los espacios, de meditación y visualización saludable. Actualmente existen 48 Yantras editados y a disposición del público.

· En la actualidad, tengo un hijo, una hija y tres nietos, sigo escribiendo y dibujando, continúo asesorando y cuidando a algunos pacientes en visitas privadas y también a distancia, y sigo facilitando distintos tipos de cursos formativos tanto virtuales como presenciales en Barcelona y en mi centro de Piera.

PUBLICACIONES DE MARTA POVO

'ADAGIOS SIN TIEMPO, trascender el ego y reconocer tu Esencia' Ed. Harmonia's

'ADAGIS MÉS ENLLÀ DEL TEMPS' versió catalana)

'ARMONÍA Y HÁBITAT, iniciación lógica al Feng Shui', Ed. Harmonia's

'COCREACIÓN, ese dios en minúscula' Ed. Tarannà

'COLOR Y FORMAS, lo esencial de la Geocromoterapia' Ed. Harmonia's

'DIÁLOGOS CON EL CIELO, enseñanzas de una médium en el año 2060' Ed. Harmonia's

'EL AMOR Y LA MUERTE' Ed. Tarannà

'EL VALOR DE LO INVISIBLE' Ed. KDP Amazon

'EL COLOR DE LAS VIOLETAS, antes y después del Camino de Santiago' Ed. Harmonia's

'EL HEMISFERIO OLVIDADO, canalización y coherencia' Ed. KDP Amazon

'ENERGÍA Y ARTE, propiedades terapéuticas del color y las formas' Ed. Harmonia's

'FUNDAMENTOS DE LA GEOCROMOTERAPIA' Ed. Harmonia's (AGOTADO)

'GEOMETRÍA Y LUZ, una medicina para el alma' Ed. Isthar

'GEOMETRÍA SAGRADA SANADORA', Ed. KDP Amazon

'LA ENERGÍA VIVA DEL COLOR' Ed. Isthar

'LA MAGNITUD DE LA CONCIENCIA' (AGOTADO)

'LA SOLEDAD DEL SOL, el camino de la sanación' Ed. Isthar

'LECTURAS DEL ENTORNO, integrando salud y hábitat' Ed. Harmonia's

'MADELEINE, el camino hacia la completitud' Ed. Tarannà

'MÁS ALLÁ DE LA EMOCIÓN, que nada te turbe' Ed. Tarannà

'MÉS ENLLÀ DE L'EMOCIÓ, que res no et torbi' (versió catalana)

'MÍSTICA DEL COLOR Y LA GEOMETRIA, los códigos del arte y del FengShui'

'PALABRAS DE UN GUERRERO ESPIRITUAL' el Discípulo Anónimo Ed. Harmonia's

'PERLAS DE AUTOCONOCIMIENTO' Ed. KDP Amazon

'PRINCIPIOS INTELIGENTES DE LA GEOMETRÍA SAGRADA' Ed. Harmonia's

'SÍMBOLOS y GEOMETRÍA PARA LA EVOLUCIÓN, la estética no es estática, es energética'

MARTA POVO

INFORMACIÓN

www.institutogeocrom.net

www.martapovoonline.com

www.medicinadelhabitat.com

Whatsapp/Telegram:
+34 629 50 18 29

Email:
geocrom.martapovo@gmail.com